建设工程施工方法与质量控制探究

李华刚　闫业武　吴　琪 ◎著

吉林科学技术出版社

图书在版编目（CIP）数据

建设工程施工方法与质量控制探究 / 李华刚，闫业武，吴琪著. -- 长春 ：吉林科学技术出版社，2023.5
ISBN 978-7-5744-0454-0

Ⅰ．①建… Ⅱ．①李… ②闫… ③吴… Ⅲ．①建筑工程－工程质量－质量管理 Ⅳ．①TU712.3

中国国家版本馆 CIP 数据核字(2023)第 105702 号

建设工程施工方法与质量控制探究

作　　者　李华刚　闫业武　吴　琪
出 版 人　宛　霞
责任编辑　赵　沫
幅面尺寸　185 mm×260mm
开　　本　16
字　　数　290 千字
印　　张　12.75
版　　次　2023 年 5 月第 1 版
印　　次　2023 年 5 月第 1 次印刷

出　　版　吉林科学技术出版社
发　　行　吉林科学技术出版社
地　　址　长春市净月区福祉大路 5788 号
邮　　编　130118
发行部电话/传真　0431-81629529　81629530　81629531
　　　　　　　　　81629532　81629533　81629534

储运部电话　0431-86059116

编辑部电话　0431-81629518

印　　刷　北京四海锦诚印刷技术有限公司

书　　号　ISBN 978-7-5744-0454-0
定　　价　65.00 元

前　言

　　建筑工程质量是建筑业参与各方及管理者追求的永恒主题，建筑质量涉及的范围极广，包括决策者水平、设计的构造措施、材料的材质选择及相互匹配、施工企业素质及操作人员技术修养和熟练程度、工程全过程监理和质量监督及试验检测的技术水平，因而是一个很庞大的系统工程，某一个方面的措施达不到质量标准，都会影响到预期目标的实现。为了给建设者和使用者提供安全、可靠、耐久的各类建筑，多年来，从国家到地方各级建筑行业主管部门都制定了相应的规范标准和规程，如能切实执行对保证建设质量极其有效。

　　基于此，本书从建设工程施工方法与质量控制两个方面进行了探究。首先，对建设工程施工质量管控方法、施工安全管理、建设工程施工技术做了简要阐述，系统地介绍了建设工程施工前所需要做的准备工作、施工组织设计等内容；其次，以建设工程施工质量管理基础为依据，阐明了不同施工阶段的质量控制内容及施工过程中主要模块的质量控制要点；最后，阐述了建设工程施工安全管理与职业健康，内容涉及脚手架工程、模板支架工程、机械设备安全、用电安全及土方基坑工程等方面，并对安全隐患与事故处理、职业健康安全管理体系做了探究。

　　本书编写过程中参考和引用了国内外大量文献资料、互联网博客、建设工程安全与管理类专业论文，在此谨向原作者表示衷心感谢。由于编者水平有限，书中难免有不足之处，敬请各位读者批评指正。

作者

2023 年 6 月

目　录

第一章　建设工程施工概述

建筑工程施工质量关系到建筑行业的发展水平，影响着相关产业的未来发展。目前，由于施工质量管控不到位造成的安全事故时有发生，显露出建筑工程施工质量管控中的一些问题。本节通过分析这些问题，并提出加强质量管控的可行办法，从而达到控制施工风险的目的，实现施工质量的有力管控，提高施工单位的工作质量，提升建筑项目的整体水平。

建筑工程施工质量管理是建筑工程施工三要素管理中重要的组成部分，质量管理工作不仅影响着工程的交付与正常使用，也对工程施工成本、进度产生着不容忽视的影响，为此，建筑工程施工管理工作者需要针对建筑工程施工质量管理中存在的问题，对相应优化策略做出探索。

第一节　建设工程施工质量管控方法

一、建筑工程施工质量管控中的问题

（一）对建筑工程施工人员的管控不到位

施工人员的工作质量直接关系到建筑工程的质量。但目前在施工质量管控方面，施工人员的管理还有很多不足之处。首先，施工单位管理者缺乏质量管控意识，认为只要没有发生重大质量问题，就不必进行管理，对施工人员平时的工作疏于管理；其次，施工单位没有专门的质量管控部门，平时的质量管理主要是由企业中临时组建起来的管理小组负责。由于这些管理人员缺乏相应的权限和管理经验，在实际的管理工作中，监督不到位、问题处理方案不合理，导致施工人员的工作比较随意，埋下了安全隐患。

（二）对施工技术的管控不足

过硬的施工技术是保证工程施工质量达标的前提。但是目前，许多施工单位对施工技术的管控依旧不足。首先，施工单位任用的施工人员，有很多是雇用的临时工，企业为了节约施工成本，会任用一些缺乏专业能力的员工，这些施工人员的学历不高、综合素质也

1

比较低，对于建筑施工方面的知识不了解，实际工作难以达到标准；其次，由于施工单位在施工技术研发方面的投入较少，未能及时通过培训教育等方式提升施工人员的能力，也未能引进先进的施工设备，使得整个施工工程的技术含量较低，不仅影响了施工速度，施工质量也难以保证。

（三）施工环境的质量管控不到位

施工环境主要包括两个方面：一方面是技术环境，在进行建筑施工之前，施工单位未能充分勘测施工项目所处的地理环境，施工方案与地质情况不相符，影响了施工的质量，另外由于未能考虑到施工过程中气候、天气的变化，没有采取相应的应对措施，也会造成施工质量出现问题；另一方面是作业环境，在施工过程中，施工人员可能需要高空作业、借助施工设备开展工作，由于保护措施不到位或者设备未经调试等原因，也有可能导致施工结果和预期存在偏差，使得工程项目的质量不达标。

建筑工程项目一般都比较复杂，涉及的施工环节比较多，工序工法关系着施工进度和质量。施工单位对于工序工法的管控不到位，也会导致质量问题。首先，工序工法的设计不合理，设计人员在对施工现场进行勘察时，没有对所有施工要素进行全面、仔细的调查，使其勘察结果存在偏差，影响了工序工法的设计；其次，没有专门对不合理工序工法进行纠正的制度，导致不合理的工序工法被应用到实际施工过程中；最后，未能按照工序工法施工。施工人员在实际的施工过程中太过随意，任意改动施工计划，打乱了施工节奏，从而影响了施工质量。

（四）对分项工程的质量管控不足

建筑工程施工中，会将一个项目划分为多个分项工程，但施工企业在进行质量管控时，却未能针对这些分项进行细化的监督和管理，导致某些分项缺乏管理，存在质量问题，影响了整体的工程质量。另外，由于施工单位没有把握住分项工程中的质量管控核心，导致质量问题凸显出来，使得工程施工质量不合格。

二、建筑工程施工质量管控的可行方法

（一）加强对建筑工程施工人员的管控

首先，施工单位应当设立专门的质量管控部门，掌握整个建筑工程项目的每个阶段的情况，并根据实际施工工作做出合理的管理决策；其次，施工单位平时应当加强对施工人员的培训，使其熟练掌握施工技能，并且针对当前施工项目中的要点进行强调，让每个施工人员都具有自觉的质量控制意识；最后，企业在任用施工人员的时候，应当选用那些

综合素质较高、拥有较强工作能力的人，从人员管控的角度出发，加强对工程施工质量的管控。

（二）加强对施工环境的管控

施工企业应当熟悉工程项目的环境，通过控制施工环境，保障施工质量。施工单位应当在开展施工工作之前，对施工现场进行全面考察，了解地质情况和气候，并且做好应对恶劣天气的准备，从而保证施工质量不受外界环境的影响。另外，施工单位应当对施工项目中一些危险性比较高的环节加强管理，避免施工过程中发生安全事故，在保证安全的前提下，按照标准的施工方案开展工作。除此之外，还应当做好施工机械设备的管理，运用符合施工标准的设备，并且在启用设备之前做好相应的调试，避免因机械设备的原因，影响施工质量。

（三）加强对工序工法的管控

首先，施工单位应该派专业的勘测人员对施工项目提前进行考察，对勘测结果进行合理的分析，并在设计工序工法的时候考虑到所有的影响因素，根据实际情况不断地优化施工过程，从而设计出能够顺利进行的工序工法。其次，要有专业岗位针对施工的工序工法进行校验和改进。当施工过程中出现与原本的工序工法设计不符的情况时，要及时根据施工需求进行调整，避免不合理的工序工法影响施工质量。最后，要加强对施工过程的管理，保障施工人员严格按照设计好的工序、工法进行施工，从而达到质量管控的目的。

（四）加强对分项工程的质量管控

分项工程的质量，直接关系到整个施工项目的质量。加强对分项工程的质量管控，是保障施工项目质量合格的前提。施工单位应当根据不同的分项工程的特点，选用合理的施工工艺，从而保障分项工程能够满足质量要求。另外，施工单位还应当为每个分项工程安排相应的质量监督管理人员，根据既定的质量标准，对分项工程进行严格的管控，使施工项目的每一部分，都能在保证质量的前提下按期完成，并能与其他分项工程相互配合，共同达到整个工程项目的质量标准。

（五）实现建筑工程施工质量管控的保障

要切实落实工程施工质量管控，就必须为管控工作提供相应的保障。首先，企业应当具备强烈的质量管控意识，并且设立相应的管理部门，使其运用管理权限加强对质量的管理；其次，企业应当引进先进的施工技术，从技术层面提高施工质量；再次，施工单位应当制定相应的质量管控制度，以规章制度对员工工作进行规范，保证其工作质量；最后，企业要投入足够的资金，保障施工工作能够顺利、高效地进行，从而提升工程施工质量。

第二节　建设工程施工安全综述

一、建筑工程施工安全事故诱因分析

建筑工程施工安全事故诱因主要体现在以下几个方面：

（一）人为因素

人为失误所引起的不安全行为，其原因主要有生理、教育、心理、环境等因素。从生理方面来看，当一个人带病上班或者有耳鸣等生理缺陷，极易产生失误行为。从心理方面来看，当一个人有自负、惰性、行为草率等心理问题，会在工作中频繁出现失误情况，最终诱发施工安全事故。

（二）物的因素

其主要体现于当物处于一种非安全状态，会发生高空坠落不安全情况。如：钢筋混凝土高空坠落、机器设备高空坠落等，都是安全事故的重要体现。

（三）环境因素

即在特大雨雪等恶劣环境下施工，无形中会增大安全事故发生的可能性。

二、建筑工程施工安全管理对策

（一）加强施工安全文化管理

在建筑工程施工期间，要积极普及施工安全文化，加强施工安全文化建设。施工安全文化，包括基础安全文化和专业安全文化，应在文化传播过程中采取多种宣传方式。如：在公司大厅放置一台电视机，用来传播"态度决定一切，细节决定成败""合格的员工从严格遵守开始"等企业安全文化口号。在安全文化宣传期间，还可制作一个文化墙，用来展示公司简介、发展理念、施工安全典范标榜人物、安全培训专栏等，向全员普及施工安全文化，管理好建筑工程施工安全问题。而对于施工安全文化的建设，要切实做好培育工作，帮助每一位施工人员树立起良好的安全价值观、安全生产观，从根本上解决人的问题。同时，在企业安全文化建设期间，要提醒施工人员时刻约束自己的建筑生产安全不良状态，谨记"安全第一"。另外，要依据企业发展战略，制定安全文件，让施工人员在有

章可循的基础上积极调整自己的工作状态，避免出现工作失误情况影响施工安全。

（二）加强施工安全生产教育

在建筑工程施工中，安全生产教育十分紧迫，可有效控制不安全行为，降低安全事故发生概率。对于安全生产教育，要将安全思想教育、安全技术教育作为重点内容。其中，在安全思想教育阶段，应面向全体施工人员，向他们讲授建筑法律法规、生产纪律等理论知识。同时，选择一些比较典型的生产安全事故案例，警醒施工人员约束自己的违章作业和违章指挥行为，让施工人员真正了解不安全行为所带来的严重影响。在安全技术教育阶段，要积极针对施工人员技术操作进行再培训，包括混凝土施工技术、模板工程施工技术、建筑防水施工技术、爆破工程施工技术等，提高施工人员技术水平，减少技术操作失误可能性。在施工安全生产教育活动中，还要注意提高施工人员安全生产素质。因部分施工人员来自农村，他们整体素质较低，缺少施工经验。针对这一种情况，要加大对这一类施工人员的安全生产教育，提高他们的安全意识。同时，要定期组织形式不同的安全生产教育活动，且不定期考查全体人员安全生产常识，有效改善施工安全问题。在施工安全生产教育活动中，也要对管理人员安全管理水平进行系统化培训，确保他们能够落实好施工中新工艺、新技术等的安全管理。

（三）加强施工安全体系完善

为了解决建筑工程施工中相关安全问题，要注意完善施工安全体系。对于施工安全体系的完善，应把握好两个要点问题：

1.要围绕"安全第一，预防为主"这个指导方针，鼓励施工单位、建设单位、勘察设计单位、工程监理单位、分包单位全员参与施工安全体系的编制，以"零事故"为目标，合作完成施工安全体系内容的制定，共同执行安全管理制度，向"重安全、重效率"方向转变。

2.要在保证全员参与体系内容制定的基础上，逐一明确体系中总则、安全管理方针、目标、安全组织机构、安全资质、安全生产责任制、项目生产管理各项细则。其中，在项目生产管理体系中，要逐一完善安全生产教育培训管理制度、项目安全检查制度、安全事故处理报告制度、安全技术交底制度等。在项目安全检查制度中，明确要求应按照制度规定对制度落实、机械设备、施工现场等事故隐患进行全方位检查，避免人的因素、环境因素、物的因素所引起的安全问题。同时，明确规定要每月举行一次安全排查活动，主要负责对技术、施工等方面的安全问题进行排查，一旦发现问题所在，立即下达安全监察通知书，实现对施工安全问题的实时监督，及时整改安全技术等方面问题。在安全技术交底技术中，要明确必须进行新工艺、新技术、设备安装等的技术交底。

第三节 建设工程施工成品保护

一、钢筋的保护

建筑工程项目中，钢筋已绑扎完成后要在其上进行施工时，不能踩弯、踩踏钢筋，也不能把主筋的位置挪动。为了避免浇筑下部结构混凝土时给上部钢筋带来污染，要使用塑料套管保护好结构的竖向钢筋。为了保护板内上层钢筋不会形成变形和位移，板内上层钢筋要使用钢筋撑铁作支架。工程在放假期间为防止钢筋性能受到低温破坏，对结构预留的墙柱钢筋表面除锈处理后，采用直接在经表面凿毛的基础上浇筑 1 m 高的低标号混凝土进行包裹保护，要求保护层厚度为 30 mm 以上。混凝土顶做成四面向外大斜坡，以便雨水能及时流走。

二、模板的保护

模板使用过程必须尽量防止碰撞，拆模过程中杜绝撬砸，堆放时要防止模板倾覆。在拆模完成后要及时对其表面上的水泥浆、污渍等进行清洁，并用脱模剂涂刷好。要妥善地保管好模板的零部件，为防止螺杆、螺母等锈蚀，要经常对其擦油进行润滑。拆下来的零部件要放进工具箱内，在大模吊运时吊走。

三、混凝土的保护

如果在高温、大风速等状况下进行混凝土的施工，为了防止混凝土表面的干缩开裂和过早脱水现象，在浇筑完混凝土后必须及时进行覆盖浇水。

梁柱构件的拆模时间不能太早，在棱角处要使用角钢进行保护。对于楼梯棱角则采用暗埋钢筋保护法，一般是使用 φ6 钢筋，两头及中间位置焊铁脚 3 个，暗藏于楼梯的踏步内，铁脚要小于 90°。将带铁脚的钢筋附在楼梯上，把位置调整好，再对铁脚使用砂浆进行固定，待到砂浆干硬之后，再做好楼梯踏步抹面，这样就把铁脚牢牢地埋置在抹面砂浆内部，钢筋则已在踏步棱角之上，棱角观感顺直，质量优良。等砂浆达到一定强度后就会非常牢固，施工人员在上面随意走动，也不会对其造成损害。

混凝土表面尽量不要和金属器具相接触，一直到混凝土达到设计强度之后。

在浇筑完混凝土地面后，必须立即做好围栏围护，断绝交通。并禁止任何人车通行，直到混凝土达到设计强度之后。

杜绝在混凝土面层上拌和、堆置水泥砂浆，若有水泥砂浆、混凝土块散落地面，必须尽快清洁，冲洗干净。

混凝土及混凝土浇灌完毕后，应对其表面及时覆盖，模板拆除后，对易损伤部位（如：柱角、梯角、墙角等）采取捆绑或固定木板的附加措施加以保护。

任何施工操作不得和正在施工、已经完工的砌体发生碰撞，比如，机械吊装、脚手架搭拆、材料卸运等操作。不能对埋在砌体内的拉结钢筋进行任意的弯折。为了避免砂浆溅脏墙面，要将施工电梯进出口周围的砌体进行必要的遮盖。

四、防水工程成品的保护措施

要对防水层做好严格防护，保护层制作以前，为了防止防水层的损坏，要禁止本工序之外的操作人员进入现场。众所周知，施工材料大多是容易燃烧的物质，必须强调施工现场和存料处的禁烟火，同时消防器材也要配置到位。为防止防水层被戳坏，施工人员操作过程中不能穿带钉子的鞋。防水材料铺贴完工后，为使黏结剂结膜硬化，面层要保持至少8h的干燥，避免人走动，也不能剥动卷材搭接处。做完防水层后，在进行铺砂或浇捣细石混凝土作保护层时，要避免在防水层上直接推车。

五、楼地面的保护

在完成楼地面的抹灰操作后，在养护期间和面层强度未达到5 MPa前，禁止上人行走或进入下道工序的施工。在铺贴块材地（楼）面之前，为避免垃圾、杂物等坠入地漏对排水造成影响，可使用木塞或水泥纸给地漏做好临时性的密封。铺贴过程中，要一边铺贴，一边对表面的水泥浆进行清理，维护表面清洁。施工过程中及施工后都必须对花岗石做好防护，为了防止其表面产生划痕和裂纹，要避免金属、砂粒等硬物对其表面产生摩擦和损伤。新铺贴的房间必须做好临时性的封闭，如果确实需要踩踏进入则必须穿着干净的软底鞋。如果板材为花岗石，踩踏要轻盈；如果是陶瓷地砖，则要在木踏脚上行动。板块地（楼）面铺贴后，保护措施是必须在其表面覆盖锯末，在通道处搭设跳板。

六、装饰墙面的保护

镶贴好饰面砖、花岗岩石板后，要对油漆、沥青等后继工程有可能产生污染的地方贴纸或塑料薄膜保护，完成外墙面的饰面后，要严格禁止在楼上向下倾倒垃圾或污水。对于通木板或其他材料做好保护，注意在拆架子或移动高凳子时不要对墙面形成碰撞。饰面层贴面完成后，就不能再在墙上随意钉凿，保护好墙面以免影响其黏结性。在夏季高温季节进行外墙抹灰要防止暴晒，因为暴晒会造成抹灰层的脱水过快。在凝结过程中，下雨时要做好面层的遮盖，并将跳板移到脚手架外立柱向斜靠，以避免溅水污染。装饰时的垃圾处理过程，要注意垃圾按规则转运，杜绝从阳台、门窗等处直接向下倾倒，管道试水过程要派专人盯着，完毕后要检查开关，确保全部拧紧。交工前要对楼地面进行仔细清洗，清洗过程中禁止用水管放水冲洗，要使用拖把蘸水清洁，以避免污水蔓延。

七、装饰顶棚的成品保护

罩面板的安装要在顶棚内各种管道和线路安装调试完成后进行。安装好罩面板后，就不能擅自拆除或人为踩踏，检修孔要留在管道的阀门部位或容易出故障的部位，方便检修也便于保护内部装饰。

在进行油漆喷涂、涂料涂刷时要用塑料薄膜对门窗等进行覆盖，严格按照施工方案进行合理施工，在安装灯具和通风罩时不要对安装好的罩面板造成污染和损坏。要杜绝把吊筋固定在通风等管道上的做法，顶棚内各种管线设施要保护好，防止破坏。如果在吊顶上层楼面进行湿作业时，吊顶安排在楼面完成后方可安装。

八、竣工清理期间的成品保护

（一）护

护，即提前性的保护，主要措施有：第一，各楼层的门口、台阶的进出口位置要做好防护；第二，在油漆涂料等涂刷完成后，尽快清除滴落在地面、窗台等位置的涂料及污点；第三，如果房间装修完毕再进行施工时，为了避免对成品造成污染，要穿无钉鞋，戴干净的手套。

（二）包

包，指的是包裹，主要是为了避免成品被损伤或污染。第一，所有的门窗要全部用塑料布包好。第二，要在自喷喷头外面包一层厚度为 2 mm 的塑料布，避免喷头被涂料、油漆沾染后，影响喷头灭火感温动作的响应时间。在交工时，方可将喷头上的塑料布全部取下。第三，为防止卫浴成品被碰撞，要在已安设完的卫生器具外包一层瓦楞纸板。第四，散热器、空调风管及风口等，制作完成后，为避免污染要在外面包裹一层厚度为 2 mm 的塑料布，交工时方可取下塑料布。第五，配电箱、照明灯具、开关插座等在施工完成后，同样也要在外面包一层厚度为 2mm 的塑料布以避免污染，交工时方可取下。

（三）盖

盖，指的是为防止损坏、堵塞等状况而进行的表面覆盖。第一，为避免落水口和排水管道的堵塞，应在安装好后做好覆盖；第二，散水制作完成后，可覆盖沙子或土层来进行保水养护并达到避免磕碰的目的；第三，所有需要防晒、保温养护的基础都应当采取适当的覆盖措施。

（四）封

封，指的就是局部的封闭措施。第一，如果公共走廊、楼梯、电梯前厅等部位不再修补的话，应将其进行暂时封闭。第二，室内门窗、涂刷施工完成后要立即锁闭房门。卫生间的施工完成后，也要立即进行封闭。第三，屋面结构处理及防水完工后，要将其上屋面的楼梯门或出入口进行封闭。第四，为调节室内温湿度，室内涂料完成后要设专人开关外窗等。

第四节 建设工程施工技术研究

一、建筑工程施工的节能技术

（一）施工节能技术对建筑工程的影响

建筑节能技术对建筑工程主要有着三个方面的影响：

第一，节能技术的应用能够减少建筑施工中施工材料的使用。节能技术通过提高技术手段、优化施工工艺，采用更加科学、合理的架构，对建筑施工的整个过程进行优化，可以减少建筑施工过程中的物料使用与资源浪费，降低建筑工程的施工成本。

第二，节能技术在建筑施工过程中的使用，能够降低建筑对周边环境的影响。传统的施工建筑过程中噪声污染、光污染、粉尘污染、地面垃圾污染等问题严重，对施工工地周围居住的人民造成比较大的困扰，节能技术的应用可以将建筑物与周围的环境相融合，营造一个更加环境友好型的施工工地。

第三，节能技术的应用帮助建筑充分地利用自然资源与能源，建筑在投入使用后可以减少对电力资源、水资源的消耗，提高建筑整体的环保等级，提高业主的舒适感。

（二）施工节能技术的具体技术发展

1.在新型热水采暖方面的运用

据调查统计，燃烧煤炭的采暖方式在我国北部地区依然是主要采暖方式，但是在其燃烧时会释放出SO_2、CO_2和灰尘颗粒等有害物质，不但浪费了不可再生的煤炭资源，而且严重影响环境和居民健康。随着时代的进步，新型绿色节能技术的诞生意味着采暖方式也将向更加绿色环保的方向前进。例如，采用水循环系统，即在工程施工时利用特殊管道的设置连接和循环水方法，使水资源和热能的利用率最大化，增加供暖时长，减小污染和浪费，改善居住环境。

2.充分利用现代先进的科学技术，减少能源的消耗

随着科学技术的不断发展，越来越多的先进技术被运用到当代的建筑当中去，并且这些技术对于环境的污染并不是很多，这就要求我们充分地利用这些技术，科学技术的不断发展可以很好地解决节能等相关问题。利用先进的技术，要考虑楼间距的问题，动工的第一步就是开挖地基，这一过程必须运用先进的技术进行精密的计算，不能有一点的差错，只有完成好这一步才能更好地完成之后的工作，为日后建成打下坚实的第一步。而太阳能的使用也是十分有划时代意义的。太阳能作为一种清洁能源，取之不尽、用之不竭，现在已经逐渐进入了千家万户之中。另外对于雨水的收集，进行雨水的清洁处理，实现真正的水循环，可以减少水资源的浪费。充分利用自然界的水、风、太阳，实现资源的循环使用，真正地做到节能发展。

3.将节能环保技术应用于建筑门窗施工中

在施工单位将建筑整体结构建设完成之后，就应当进行建筑物的门窗施工。门窗施工工程在建筑物整体施工过程中占有较大地位，门窗的安装不仅需要大量的材料而且需要大量的安装工人，而材料质量较差的门窗会影响建筑整体的稳定性和安全性，在安装结束后还会出现一系列的问题，这就迫使施工单位进行二次安装，严重增加了施工成本，同时也降低了施工效率及建筑质量。因此，建筑企业在进行建筑物的门窗施工时，应当充分采用节能环保材料及新型安装技术，完整实现门窗的基本功能，同时还能使其和建筑物整体完美融合，增强建筑物的环保性、稳定性、安全性及美观性。

4.建筑控温工程中的节能技术应用

建筑在施工过程中的温度控制基础设施主要是建筑的门窗。首先，在建筑的选址与朝向设计上，要应用先进的节能科技，通过合理的测绘和数据计算，根据当地的光照情况与风向情况，合理地设计建筑的门窗朝向与门窗开合方式，保障建筑在一天的时间内，有充足的自然光线与自然风从窗户进入建筑内部，减少建筑后期装修中的温控设备与新风系统的能源资源消耗；其次，要科学地设计门窗在建筑中的位置、形状与比例，根据建筑的朝向和整体的室内空气调节系统的设计，制定合理的门窗比例，既不能将比例定得过大，造成室内空气与室外空气的过度交换，也不能定得过小，造成室内空气长期流通不畅；再次，要采用节能技术，在门窗周围设置合理的温度阻尼区，令进入室内的外部空气的温度在温度阻尼区进行合理的升温或降温，使之与室内温度的差值减小，减少室内外的热量交换，降低建筑空调与新风系统的压力；最后，要选择节能的门窗玻璃材料与金属材料，例如，采用最新的铝断桥多层玻璃技术，增强窗户的气密效果，减少室内外的热量交换。

二、建筑工程施工绿色施工技术

（一）对建筑工程施工绿色施工技术的应用研究

我国的建筑行业在众多工作人员的不懈努力下取得了长足进步，在世界的建筑行业领域也占有了一席之地，但是在建筑行业快速发展的同时，相关部门却严重忽视了环境保护在建筑施工中的重要影响，仅关注经济效益而忽视环境效益。从某种程度上而言，建筑工程的建设会利用大量的人力、物力和财力，并给施工现场周围的环境带来很大的损害，另外受到施工技术和施工机械设备落后的影响，这和我国的可持续发展战略是相违背的，并且人民群众的日常生活和工作都因为建筑工程的施工受到了很大的影响，无法保持正常的生活与工作，所以对建筑工程绿色施工技术进行优化迫在眉睫。绿色施工技术的目的就在于保证建筑工程施工进行中可以保护周围的环境不受破坏，和自然环境达到和谐相处。

传统的建筑工程施工技术在使用的过程中不可避免地将产生大量的环境污染问题，并对后期的环境改善工作提出新挑战。而通过绿色施工技术的应用，可以在提高环境保护效果的同时，减少环境污染的产生。与此同时，通过利用环保型建材也可以减少建筑成本，并提高工程建设的质量效果和效率，使建筑工程施工所带来的社会效益和经济效益最终实现和谐的统一，将给我国建筑行业的环保性和节能性带来积极的作用，改善以往建筑行业的高消耗和高污染的特点，让建筑工程的施工变得更加绿色环保。

（二）应用关键性技术

1.施工材料的合理规划

传统的建筑工程建设中，施工材料的使用中出现了过度浪费的现象，所以就给建筑工程建设增加了成本。解决这一问题需要对施工材料进行合理的选择并不断地推动其进行改进和优化，从而减少建筑企业在材料方面的成本投入，实现对材料的高效使用。具体而言，选择一部分能够二次回收利用或者循环利用的原材料就是具体实施的方法。在建筑工程施工进行中，相关工作人员一定要严格遵守绿色施工的原则，从材料的合理选择优化方面进行着手，优先利用无污染、环保的材料来进行施工建设。当然，其中对于材料的储存问题也要进行充分的考虑，减少因为方法问题而带来的损失。同时，针对建设中出现的问题还要进行后续环保处理，由工作人员借助一些先进的设备来对这些材料进行同收利用和处理，比如，目前经常用到的机械设备就是破碎机、制砖机和搅拌机等。在对这些材料做到了回收利用之后还需要着重注意利用多重处理方式进行操作，对于处理后的材料重新利用，将废旧的木材等不可再生资源循环利用，提高资源利用效率，实现环保理念的贯彻。

除此之外，还需要在实践中展开对施工技术的选择和优化，对施工材料进行科学的管理和使用，减少因为材料或者使用方法不当而造成的浪费现象发生。在施工任务正式开始之前，施工人员一定要根据实际情况做好施工图纸的设计工作，对整个工作阶段进行很好的规划，对每一个环节、每一个细节都给予关注，并且在施工阶段工作人员一定要严格按照预先计划进行施工与材料的采购和使用，避免出现材料的浪费，给企业创造更大的经济效益和社会效益。

2.水资源的合理利用

水资源目前是一种相对来说比较紧缺的资源，但是我国现在建筑行业关于水资源使用的现状却不容乐观，依然普遍存在水资源浪费的现象，针对这种情况相关部门一定要采取措施进行及时的解决。在水资源合理利用中十分关键的环节之一就是基坑降水，这个阶段通过辅助水泵效果的实现可以有效地推动水资源的充分利用，并减少资源的浪费现象。通过储存水资源的方式也可以方便后续工作的使用，这一部分水资源的具体应用主要体现在对楼层养护和临时消防用水的提供。从某种程度而言，这两个环节是可以减少水资源消耗的重要环节，可以最大化地减少水资源的浪费。

与此同时，建筑施工中还可以通过建造水资源的回收装置来实现水资源的合理利用，对施工现场周围区域的水资源展开回收处理，针对自然的雨水资源等进行储存、净化及回收，提高各种可供利用水资源的利用效率。比如，对施工区域附近来往的车辆展开清洗工作用水、路面清洁用水、对施工现场的洒水降尘处理用水等进行合理的规划设计，提高水资源利用效率。除了上述以外，建筑行业必须严格制定有效的水质检测和卫生保障措施来实现非传统水源的使用和现场循环再利用水，这样也可以最大限度地保证人的身体健康，提高建筑工程的施工质量效果。

3.土地资源利用的节能处理

很多建筑工程在具体的建设施工过程中都会对于周围的土地造成破坏，并带来利用危害，这主要是指：破坏土地植被生长情况、造成土地污染、减少水源养护、造成水资源的流失等现象，这些情况的存在会给周围的施工区域带来十分严重的影响。由此，针对这种情况相关部门必须提高对于施工环境周围地区的土地养护工作重视程度，及时采取有效措施推动问题的解决和土地资源的保护。由于建筑施工工程缺乏对于建筑施工的有效设计和合理规划，就导致其在具体施工阶段给土地带来很严重的影响，并且由于没有对施工的进度进行严格的把控，很大一部分的土地处于闲置状态，进而造成土地资源的浪费。对于这种问题的存在，需要有专门的人员进行施工方案的有效设计和重新规划，对于具体建设施工过程中土地利用情况进行全面的分析和研究，对其有一个全面的了解和认识，最终形成对于建筑施工设备应用和施工材料选择的全面分析和合理设计。

除此之外，在做好提高资源利用效率工作的同时，还需要加强对节能措施推进工作的监督，对于在建筑施工中应用的各种电力资源、水资源、土地资源等进行节能利用，减少资源浪费现象的存在。当然，在条件允许的情况下，可以多利用一些可再生能源，发挥资源的替代效果。在建筑工程施工阶段要对机械设备管理制度进行不断的建立健全，对设备档案进行不断的丰富和完善。同时，做好基础的维修、防护工作，提高设备的使用寿命，并将其稳定在低消耗、高效率的工作状态之下。

第五节　建设工程施工技术要点及其创新

一、建筑工程的施工技术现存的问题

（一）施工技术理论同工程实际存在着某种出入

建筑工程施工的过程中技术理论、理论模型构建往往与实际情况有一定的偏差，这是一个普遍存在的问题。这就容易造成施工项目的完整性和精确性不能达到期望值。而导致施工技术理论与实际情况产生差异的原因是复杂多样的，比较常见的原因有：施工人员与理论技术人员之间存在较大的素质差异，由于缺乏较强的技术理论支撑，施工人员在实际操作中，不能有效做出符合技术理论的行为；施工现场的环境复杂程度往往超出理论技术的预期，这就导致原有的理论规划难以满足实际施工的需求。为建筑工程实际运行增大了难度，影响了工程项目最终品质。

（二）施工技术发展影响了施工过程

目前，现有的施工技术已较为完善，足以应对相对常见的施工环境。但越来越多的基于复杂地势环境及高技术含量的施工项目需求，对施工技术提出了更高的要求，这就需要不断发展、探索出当前乃至未来可能需求的建筑技术。事实上，在当前建筑施工技术发展中，仍有相当大一部分的精尖技术问题处于空白领域。对于某些复杂环境或者特殊建筑需求条件下的理论基础研究还相当薄弱，理性设计的缺失导致以现有施工技术应对此类复杂问题时的试错成本大大提高，不仅降低了建筑施工技术及经验发展和累积的效率，也为建筑施工质量和经济性带来负面影响。除了前沿技术理论研究的缺失，基础施工人员的建筑理念同样相对陈旧，无法满足高强度、高精度的施工作业需求，对施工的整体效率及质量保证造成影响。

二、建筑工程的施工技术要点

（一）基础施工技术的要点

地基施工技术是基础施工技术的核心。在当前以高层建筑和超高层建筑为主的施工项目中，其地基设计的选择上，通常以桩体承力技术为主流。桩体承力技术是利用钻孔灌注形成桩体整体受力，桩体周围土层加固，进而稳固整体建筑的高层超高层建筑地基施工技术。在加固桩体周围土层时，应对含水量较大的土层时，要采取防渗漏设计降低土层含水量，并持续监测，避免土质因较软而发生坍塌。此外，在打桩前需要进行完善的土质监测和地质勘探，合理设计桩体承载力及桩体点位，保证桩体能够达到预期的设计要求。

（二）钢结构施工技术的要点

钢结构是构建建筑主体框架的主要部分，因此，钢结构施工技术及钢结构的质量决定了建筑项目的整体质量。进行钢结构的施工时，尤其需要注意钢材的选择。钢材的选择必须严格遵循施工设计的要求，确保钢材的各项指标能够满足整体结构的使用。在施工过程中，需要对选择的钢材进行防锈防腐蚀处理，对特殊结构处用到的钢材，应根据其实际情况进行额外处理，例如，增加防火涂料的附着，以应对高温情况下钢材维持其稳定性等。此外，钢结构在组装焊接的过程中，尤其要注意刚性节点的组装及焊接情况，确保节点处强度和稳定性。对于刚性节点的材质设计需要更高的强度，例如，螺栓节点中，可以选用紧密型螺栓，确保满足设计需求和承载需求。

三、建筑工程的施工技术要点的创新应用

（一）用结构设计优化技术确定施工流程

结构优化一直是建筑施工技术研究的热点。在建筑项目设计上，对结构进行优化，往往能大幅降低施工难度和经费耗用，提高施工效率。较好的结构设计优化对建筑整体质量也有较大提升。因此，在建筑项目设计之初，要根据实际施工环境，综合参考优化设计，充分挖掘和利用环境便利及施工要求导向，对建筑整体、布局进行深度优化。剪力墙是其中较为经典的案例。剪力墙利用先行桩体建设，减少了暗桩的耗用，并在支撑系统完成后附加钢结构架设，增强了建筑强度的同时缩减了工程成本。

（二）混凝土施工的技术要点创新应用

混凝土是建筑项目施工中最常见最基础的施工材料，混凝土质量的好坏一定程度上决定了施工项目的质量。而在实际配置混凝土的过程中，尤其是复杂或极端环境下，优质混凝土的配置是相当困难的。此外，在这类极端环境下，普通混凝土无法达到原有设计的需求。因此，对混凝土施工技术进行创新则尤为重要。以清水混凝土为例，由于其性质较为细腻，适用于墙体粉饰。在配置此类特殊混凝土时，需要预先设计好其配置适宜的温度、水。除此之外，对于混凝土吸水后色泽变化和硬度变化也需要提前考虑，对已配置的混凝土进行干燥处理。确保其长期不变性，以达到工程需要。

第二章　建设工程施工准备

工程项目施工准备是施工项目生产经营的重要组成部分，是拟对所建工程目标，资源供给和施工方案的选择及其空间布置和时间排列等诸方面所进行的施工决策。本节工程建设项目施工准备工作的任务和分类，叙述了施工准备工作的内容，从技术资料准备、施工现场准备、物资及机械设备准备和冬雨期施工准备几方面提出了施工准备工作的具体措施和方法，从而确保工程建设能够顺利完成。

第一节　施工准备工作的认识

一、施工准备工作的意义

施工准备工作是为了保证工程顺利开工和施工活动正常进行而必须事先做好的各项工作。它不仅存在于开工之前，而且贯穿于整个工程建设的全过程。因此，应当自始至终坚持"不打无准备之仗"的原则来做好这项工作；否则就会丧失主动权，处处被动，甚至使施工无法开展。施工准备工作的重要性体现在如下四点：

（一）施工准备工作是建筑企业生产经营管理的重要组成部分

现代企业管理理论认为，企业管理的重点是生产经营，而生产经营的核心是决策。施工准备工作作为生产经营管理的重要组成部分，对拟建工程目标、资源供应和施工方案及其空间布置和时间排列等诸方面进行了选择和施工决策。做好这项工作有利于企业搞好目标管理，推进技术经济责任制。

（二）施工准备工作是建筑施工程序的重要阶段

现代工程施工是十分复杂的生产活动，其技术规律和市场经济规律要求工程施工必须严格按照建筑施工程序进行。施工准备工作是保证整个工程施工顺利进行的重要环节，可以为拟建工程的施工建立必要的技术和物质条件，统筹安排施工力量和施工现场。

（三）做好施工准备工作，可降低施工风险

由于建筑产品及其施工生产的特点，其生产过程受外界干扰及自然因素的影响较大，因而施工中可能遇到的风险较多。只有根据周密的分析和多年累积的施工经验，采取有效的防范控制措施，充分做好施工准备工作，才能加强应变能力，从而降低风险损失。

（四）做好施工准备工作，可提高企业综合经济效益

认真做好施工准备工作，有利于发挥企业优势、合理供应资源、加快施工进度、提高工程质量、降低工程成本、增加企业经济效益、赢得社会信誉，实现企业管理现代化，从而提高企业综合经济效益。

实践证明，只有重视且认真、细致地做好施工准备工作，积极为工程项目创造一切施工条件，才能保证施工顺利进行；否则，就会给工程的施工带来麻烦和损失，甚至造成施工停顿、质量安全事故等恶果。

二、施工准备工作的分类

（一）按施工准备工作的范围不同进行分类

1.施工总准备（全场性施工准备）

施工总准备是以整个建设项目为对象而进行的各项施工准备。其作用是为整个建设项目的顺利施工创造条件，既为全场性的施工活动服务，也兼顾单位工程施工条件的准备。

2.单项（单位）工程施工条件准备

单项（单位）工程施工条件准备是以一个建筑物或构筑物为对象而进行的各项施工准备。其作用是为单项（单位）工程的顺利施工创造条件，既为单项（单位）工程做好一切准备，又要为分部（分项）工程施工进行作业条件的准备。

3.分部（分项）工程作业条件准备

分部（分项）工程作业条件准备是以一个分部（分项）工程或冬雨期施工工程为对象而进行的作业条件准备。

（二）按工程所处的施工阶段不同进行分类

1.开工前的施工准备工作

开工前的施工准备工作是在拟建工程正式开工之前所进行的带有全局性和总体性的施工准备，作用是为工程开工创造必要的施工条件。它既包括全场性的施工准备，又包括单

项（单位）工程施工条件准备。

2.各阶段施工前的施工准备

各阶段施工前的施工准备是在工程开工后，某一单位工程或某个分部（分项）工程或某个施工阶段、某个施工环节施工前所进行的带有局部性或经常性的施工准备。其作用是为每个施工阶段创造必要的使用条件，它一方面是开工前施工准备工作的深化和具体化；另一方面，要根据每个施工阶段的实际需要和改变情况，随时做出补充、修正与调整。如：一般框架结构建筑的施工，可以分为地基基础工程、主体结构工程、屋面工程、装饰装修工程等施工阶段，每个施工阶段的施工内容不同，所需要的技术条件、物质条件、组织措施要求和现场平面布置等方面也就不同，因此，在每个施工阶段开始之前，都必须做好相应的施工准备。

因此，施工准备工作具有整体性与阶段性的统一，且体现出连续性，必须有计划、有步骤、分期、分阶段地进行。

三、施工准备工作的内容

施工准备工作的内容一般可以归纳为以下几个方面：调查研究与收集资料、技术资料准备、资源准备、施工现场准备、季节施工准备。

每项工程的设计要求及其具备的条件不同，施工准备工作的内容繁简程度也不同。如：只有一个单项工程的施工项目与包含多个单项工程的群体项目，一般小型项目与规模庞大的大中型项目，在未开发的地区兴建的项目与正在开发且各种条件都具备的地区兴建的项目，结构简单、传统工艺施工的项目与采用新材料、新结构、新技术、新工艺施工的项目等，各工程因特殊需要和特殊条件而对施工准备工作提出不同的要求，只有按施工项目的规划来确定准备工作的内容，并拟订具体的、分阶段的施工准备工作实施计划，才能充分地为施工做准备。

四、施工准备工作的要求

（一）施工准备工作应有组织、有计划、分阶段、有步骤地进行

1.建立施工准备工作的组织机构，明确相应管理人员。

2.编制施工准备工作计划表，保证施工准备工作按计划落实。

3.将施工准备工作按工程的具体情况划分为开工前、地基基础工程、主体工程、屋面与装饰装修工程等时间区段，分期、分阶段、有步骤地进行。

（二）建立严格的施工准备工作责任制及相应的检查制度

由于施工准备工作项目多、范围广，因此必须建立严格的责任制，按计划将责任落实到有关部门及个人，明确各级技术负责人在施工准备工作中应负的责任，促使各级技术负责人认真做好施工准备工作。

在施工准备工作实施过程中，应定期进行检查，可按周、半月、月度进行检查。检查目的在于督促工作开展、发现薄弱环节、不断改进工作。施工准备工作的检查内容主要是检查施工准备工作计划的执行情况。如果没有完成计划的要求，应进行分析，找出原因，排除障碍，协调施工准备工作进度或调整施工准备工作计划。检查的方法可采用实际与计划对比法，或采用相关单位、人员分割制，检查施工准备工作情况，当场分析产生问题的原因，提出解决问题的方法。后一种方法解决问题及时且见效快，现场常采用。

（三）坚持按基本建设程序办事，严格执行开工报告制度

施工准备工作情况达到开工条件要求时，应向监理工程师报送工程开工报审表及开工报告等有关资料，由总监理工程师签发并报建设单位后，在规定的时间内开工。

（四）施工准备工作必须贯穿施工全过程

施工准备工作不仅要在开工前集中进行，而且工程开工后，也要及时、全面地做好各施工阶段的准备工作，使之贯穿在整个施工过程中。

（五）准备工作要取得各协作相关单位的友好支持与配合

由于施工准备工作涉及面广，因此，除了施工单位自身努力做好外，还要取得建设单位、监理单位、设计单位、供应单位、银行、行政主管部门、交通运输单位等部门的协作，相关单位大力支持、步调一致、分工负责，共同做好施工准备工作，以缩短开工施工准备工作的时间，争取早日开工，并保证整个施工过程顺利进行。

第二节　调查研究与收集资料

一、原始资料的调查

（一）对建设单位与设计单位的调查

对建设单位与设计单位调查的项目见表2-1。

表2-1　对建设单位与设计单位调查的项目

调查单位	调查内容	调查目的
建设单位	①建设项目设计任务、有关文件； ②建设项目性质、规模、生产能力； ③生产工艺流程、主要工艺设备名称及来源、供应时间、分批和全部到货时间； ④建设期限、开工时间、交工先后顺序、竣工投产时间； ⑤总概算投资、年度建设计划； ⑥施工准备工作的内容、安排、工作进度表。	①施工依据； ②项目建设部署； ③制订主要工程施工方案； ④规划施工总进度； ⑤安排年度施工计划； ⑥规划施工总平面； ⑦确定占地范围。
设计单位	①建设项目总平面规划； ②工程地质勘察资料； ③水文勘察资料； ④项目建筑规模，建筑、结构、装修概况，总建筑面积、占地面积； ⑤单项（单位）工程个数； ⑥设计进度安排； ⑦生产工艺设计、特点； ⑧地形测量图。	①规划施工总平面图； ②规划生产施工区、生活区； ③安排大型临建工程； ④概算施工总进度； ⑤规划施工总进度； ⑥计算平整场地土石方量； ⑦确定地基、基础的施工方案。

（二）自然条件调查分析

自然条件调查分析包括对建设地区的气象资料、工程地形地质、工程水文地质、周围民宅的坚固程度及其居民的健康状况等项调查，为制订施工方案、冬雨期施工措施、进行施工平面规划布置提供依据。自然条件调查的项目见表2-2。

表2-2　自然条件调查的项目

序号	项目	调查内容	调查目的
1		气象资料	
1.1	气温	①全年各月平均温度； ②最高温度/月份、最低温度/月份； ③冬季、夏季室外计算温度； ④霜、冻、冰雹期； ⑤低于-3℃、0℃、5℃的天数，起止日期。	①防暑降温； ②计算全年正常施工天数； ③制定冬期施工措施； ④估计混凝土、砂浆强度增长。
1.2	降雨	①雨季起止时间； ②全年降水量、一日最大降水量； ③全年雷暴天数、时间； ④全年各月平均降水量。	①制定雨期施工措施； ②安排现场排水、防洪； ③防雷； ④雨天天数估计

（续表）

序号	项目	调查内容	调查目的
1.3	风	①主导风向及频率（风玫瑰图）； ②大于或等于 8 级风的全年天数、时间。	①布置临时设施； ②制定高空作业及吊装措施。
2		工程地形、地质	
2.1	地形	①区域地形图； ②工程位置地形图； ③工程建设地区的城市规划； ④控制桩、水准点的位置； ⑤地形、地质的特征； ⑥勘察文件、资料等。	①选择施工用地； ②合理布置施工总平面图； ③计算现场平整土方量； ④确定障碍物及数量； ⑤拆迁和清理施工现场。
2.2	地质	①钻孔布置图； ②地质剖面图（各层土的特征、厚度）； ③土质稳定性：滑坡、流沙、冲沟； ④地基土强度的结论，各项物理力学指标；天然含水量、孔隙比、渗透性、压缩性指标、塑性指数、地基承载力； ⑤软弱土、膨胀土、湿陷性黄土分布情况，最大冻结深度； ⑥防空洞、枯井、土坑、古墓、洞穴，地基土破坏情况； ⑦地下沟渠管网、地下构筑物。	①土方施工方法的选择； ②确定地基处理方法； ③制定基础、地下结构施工措施； ④制订障碍物拆除计划； ⑤基坑开挖方案设计。
2.3	地震	抗震设防烈度的大小。	确定对地基、结构的影响，施工注意事项。
3		工程水文地质	
3.1	地下水	①最高、最低水位及时间； ②流向、流速、流量； ③水质分析； ④抽水试验、测定水量。	①土方施工基础施工方案的选择； ②制定降低地下水位的方法、措施。
3.2	地面水 （地面河流）	①临近的江河、湖泊及距离； ②洪水、平水、枯水时期，其水位、流量、流速、航道深度，通航可能性； ③水质分析。	①临时给水； ②航运组织； ③确定水利工程。
3.3	周围环境及障碍物	①施工区域现有建筑物、构筑物、沟渠、水流、树土、土堆、高压输变电线路等； ②临近建筑坚固程度及其中人员工作、生活、健康状况。	①及时拆迁、拆除； ②做好保护工作； ③合理布置施工平面； ④合理安排施工进度。

二、收集相关信息与资料

（一）技术经济条件调查分析

技术经济条件调查分析包括地方建筑生产企业，地方资源，交通运输，水、电及其他能源，主要设备、三大材料和特殊材料及它们的生产能力等项调查，调查的项目见表2-3～表2-7。

表2-3　地区交通运输条件调查内容

序号	项目	调查内容	调查目的
1	铁路	①邻近铁路专用线、车站至工地的距离及沿途运输条件； ②站场卸货路线长度、起重能力和储存能力； ③装载单个货物的最大尺寸、重量的限制； ④运费、装卸费和装卸力量。	
2	公路	①主要材料产地至工地的公路等级，路面构造宽度及完好情况，允许最大载重量； ②途经桥涵等级，允许最大载重量； ③当地专业机构及附近村镇能提供的装卸、运输能力，汽车、畜力、人力车的数量及运输效率，运费、装卸费； ④当地有无汽车修配厂、修配能力和至工地距离、路况； ⑤沿途架空电线高度。	①选择施工运输方式； ②拟订施工运输计划。
3	航运	①货源、工地至邻近的河流、码头渡口的距离，道路情况； ②洪水、平水、枯水期和封冻期通航的最大船只及吨位，取得船只的可能性； ③码头装卸能力、最大起重量，增设码头的可能性； ④渡口的渡船能力，同时可载汽车、马车数，每日次数，能为施工提供的能力； ⑤运费、渡口费、装卸费。	

表2-4　水、电条件调查内容

序号	项目	调查内容
1	给水、排水	①与当地现有水源连接的可能性，可供水量，接管地方、管径、管材、埋深、水压、水质、水费，至工地距离，地形地物情况； ②临时供水源：利用江河、湖水的可能性，水源、水量、水质，取水方式，至工地距离，地形地物情况，临时水井位置、深度、出水量、水质； ③利用永久排水设施的可能性，施工排水去向、距离、坡度，有无洪水影响，现有防洪设施、排洪能力。

序号	项目	调查内容
2	供电与通信	①电源位置，引入的可能，允许供电容量、电压、导线截面、距离、电费、接线地点，至工地距离，地形地物情况； ②建设单位、施工单位自有发电、变电设备的规格型号、台数、能力、燃料、用水水质、投资费用； ③当地单位、建设单位提供压缩空气、氧气的能力，至工地的距离。

注：①资料来源：当地城建、供电局、水厂等单位及建设单位。

②调查目的：选择给水排水、供电、供气方式，做出经济比较。

表2-5 三大材料、特殊材料及主要设备调查内容

序号	项目	调查内容	调查目的
1	三大材料	①钢材订货的规格、牌号、强度等级、数量和到货时间； ②木材料订货的规格、等级、数量和到货时间； ③水泥订货的品种、强度等级、数量和到货时间	①确定临时设施和堆放场地； ②确定木材加工计划； ③确定水泥储存方式。
2	特殊材料	①需要的品种、规格、数量； ②试制、加工和供应情况； ③进口材料和新材料。	①制订供应计划； ②确定储存方式。
3	主要设备	①主要工艺设备的名称、规格、数量和供货单位； ②分批和全部到货时间。	①确定临时设施和堆放场地； ②拟定防雨措施。

表2-6 建设地区社会劳动力和生活设施的调查内容

序号	项目	调查内容	调查目的
1	社会劳动力	①少数民族地区的风俗习惯； ②当地能提供的劳动力人数、技术水平、工资费用和来源； ③上述人员的生活安排。	①拟订劳动力计划； ②安排临时设施。
2	房屋设施	①必须在工地居住的单身人数和户数； ②能作为施工用的现有的房屋栋数、每栋面积、结构特征、总面积、位置，以及水、暖、电、卫等设备状况； ③上述建筑物的适宜用途，用作宿舍、食堂、办公室的可能性。	①确定现有房屋为施工服务的可能性； ②安排临时设施。
3	周围环境	①主副食品供应、日用品供应、文化教育、消防治安等机构能为施工提供的支援能力； ②邻近医疗单位至工地的距离，可能就医情况； ③当地公共汽车、邮电服务情况； ④周围是否存在有害气体、污染情况，有无地方病。	安排职工生活基地，解除其后顾之忧。

表2-7　参加施工的各单位能力调查内容

序号	项目	调查内容
1	工人	①工人数量、分工种人数，能投入本工程施工的人数； ②专业分工及一专多能的情况、工人队组形式； ③定额完成情况、工人技术水平、技术等级构成。
2	管理人员	①管理人员总数，所占比例； ②其中技术人员数、专业情况、技术职称，其他人员数。
3	施工机械	①机械名称、型号、能力、数量、新旧程度、完好率，能投入本工程施工的情况； ②总装备程度（功率/全员）； ③分配、新购情况。
4	施工经验	①历年曾施工的主要工程项目、规模、结构、工期； ②习惯施工方法，采用过的先进施工方法，构件加工、生产能力、质量； ③工程质量合格情况，科研、革新成果等。
5	经济指标	①劳动生产率，年完成能力； ②质量、安全、降低成本情况； ③机械化程度； ④工业化程度，设备、机械的完好率和利用率。

注：①来源：参加施工的各单位。

　　②目的：明确施工力量、技术素质，规划施工任务分配、安排。

（二）其他相关信息与资料的收集

其他相关信息与资料包括：现行的由国家有关部门制定的技术规范、规程及有关技术规定，如：《建筑工程施工质量验收统一标准》（GB 50300—2013）及相关专业工程施工质量验收规范，《建筑施工安全检查标准》（JGJ 59—2011）及有关专业工程安全技术规范规程，《建设工程项目管理规范》（GB/T 50326—2017），《建设工程文件归档规范》（GB/T 50328—2014），《建筑工程冬期施工规程》（JGJ/T 104—2011），各专业工程施工技术规范等；企业现有的施工定额、施工手册、类似工程的技术资料及平时施工时间活动中所积累的资料等。收集这些相关信息与资料，是进行施工准备工作和编制施工组织设计的依据之一。

第三节 技术资料准备

一、熟悉和会审图纸

施工图全部（或分阶段）出图以后，施工单位应依据建设单位和设计单位提供的初步设计或扩大初步设计（技术设计）、施工图设计、建筑总平面图、土方竖向设计和城市规划等资料文件，调查、收集的原始资料和其他相关信息与资料，组织有关人员对设计图纸进行学习和会审工作，使参与施工的人员掌握施工图的内容、要求和特点，同时发现施工图中的问题，以便在图纸会审时统一提出，解决施工图中存在的问题，确保工程施工顺利进行。

（一）熟悉图纸阶段

1.熟悉图纸工作的组织

由施工单位该工程项目经理部组织有关工程技术人员认真熟悉图纸，了解设计意图与建设单位要求及施工应达到的技术标准，明确施工流程。

2.熟悉图纸的要求

（1）先粗后细

就是先看平面图、立面图、剖面图，对整个工程的概貌有一个大致了解，对总长、总宽、轴线尺寸、标高、层高、总高有一个大体的印象。然后再看细部做法，核对总尺寸与细部尺寸、位置、标高是否相符，门窗表中的门窗型号规格、形状、数量是否与结构相符等。

（2）先小后大

就是先看小样图，后看大样图。核对在平面图、立面图、剖面图中标注的细部做法与大样图的做法是否相符；所采用的标准构件图集编号、类型、型号与设计图纸有无矛盾，索引符号有无漏标之处，大样图是否齐全等。

（3）先建筑后结构

就是先看建筑图，后看结构图。把建筑图与结构图互相对照，核对其轴线尺寸、标高是否相符，有无矛盾，查对有无遗漏尺寸、有无构造不合理之处。

（4）先一般后特殊

就是先看一般的部位和要求，后看特殊部位和要求。特殊部位一般包括地基处理方法、变形缝的设置、防水处理要求和抗震、防火、保温、隔热、防尘、特殊装修等技术要求。

（5）图纸与说明结合

就是要在看图时对照设计总说明和图中的细部说明，核对图纸和说明有无矛盾，规定是否明确，要求是否可行，做法是否合理，等等。

（6）土建与安装结合

就是看土建图时，有针对性地看一些安装图，核对与土建有关的安装有无矛盾，预埋件、预留洞、槽的位置、尺寸是否一致，了解安装对土建的要求，以便考虑在施工中的协作配合。

（7）图纸要求与实际情况结合

就是核对图纸有无不符合施工实际之处，如：建筑物相对位置、场地标高、地质情况等是否与设计图纸相符；对一些特殊的施工工艺，施工单位能否做到等。

（二）自审图纸阶段

1. 自审图纸的组织

首先：由施工单位该项目经理部组织各工种人员对本工种的有关图纸进行审查，掌握和了解图纸中的细节；其次，在此基础上，由总承包单位内部的土建与水、暖、电等专业，共同核对图纸，消除差错，协商施工配合事项；最后，总承包单位与外分包单位（如桩基施工、装修工程施工、设备安装施工等）在各自审查图纸基础上，共同核对图纸中的差错及协商有关施工配合问题。

2. 自审图纸的要求

（1）审查拟建工程的地点，建筑总平面图同国家、城市或地区规划是否一致，以及建筑物或构筑物的设计功能和使用要求是否符合环卫、防火及美化城市方面的要求。

（2）审查设计图纸是否完整齐全及设计图纸和资料是否符合国家有关技术规范要求。

（3）审查建筑、结构、设备安装图纸是否相符，有无"错、漏、碰、缺"，内部结构和工艺设备有无矛盾。

（4）审查地基处理与基础设计同拟建工程地点的工程地质和水文地质等条件是否一致，以及建筑物或构筑物与原地下构筑物及管线之间有无矛盾。深基础的防水方案是否可靠，材料设备能否解决。

（5）明确拟建工程的结构形式和特点，复核主要承重结构的承载力、刚度和稳定性是否满足要求，审查设计图纸中的形体复杂、施工难度大和技术要求高的分部分项工程或新结构、新材料、新工艺在施工技术和管理水平上能否满足质量和工期要求，选用的材料、构配件、设备等能否解决。

（6）明确建设期限，分期分批投产或交付使用的顺序和时间，以及工程所用的主要材料、设备的数量、规格、来源和供货日期。

（7）明确建设单位、设计单位和施工单位等之间的协作、配合关系，以及建设单位可以提供的施工条件。

⑧审查设计是否考虑了施工的需要，各种结构的承载力、刚度和稳定性是否满足设置内爬、附着、固定塔式起重机等使用的要求。

（三）图纸会审阶段

1.图纸会审的组织

一般工程由建设单位组织并主持会议，设计单位交底，施工单位、监理单位参加。重点工程或规模较大及结构、装修较复杂的工程，如有必要可邀请各主管部门、消防、防疫与协作单位参加。会审的程序是：设计单位设计交底→施工单位对图纸提出问题→有关单位发表意见→与会者讨论、研究、协商，逐条解决问题达成共识→组织会审的单位汇总成文→各单位会签，形成图纸会审纪要，会审纪要作为与施工图纸具有同等法律效力的技术文件使用。

2.图纸会审的要求

审查设计图纸及其他技术资料时，应注意以下问题：

（1）设计是否符合国家有关方针、政策和规定。

（2）设计规模、内容是否符合国家有关的技术规范要求，尤其是强制性标准的要求，是否符合环境保护和消防安全的要求。

（3）建筑设计是否符合国家有关的技术规范要求，尤其是强制性标准的要求，是否符合环境保护和消防安全的要求。

（4）建筑平面布置是否符合核准的按建筑红线划定的详图和现场实际情况，是否提供符合要求的永久水准点或临时水准点位置。

（5）图纸及说明是否齐全、清楚、明确。

（6）结构、建筑、设备等图纸本身及相互之间是否有错误和矛盾，图纸与说明之间有无矛盾。

（7）有无特殊材料（包括新材料）要求，其品种、规格、数量能否满足需要。

（8）设计是否符合施工技术装备条件，如：须采取特殊技术措施，技术上有无困难，能否保证安全施工。

（9）地基处理及基础设计有无问题，建筑物与地下构筑物、管线之间有无矛盾。

（10）建（构）筑物及设备各部位尺寸、轴线位置、标高、预留孔洞及预埋件、大样图及做法说明有无错误和矛盾。

二、编制中标后施工组织设计

中标后施工组织设计是施工单位在施工准备阶段编制的指导拟建工程从施工准备到竣工验收乃至保修回访的技术、经济、组织的综合性文件，也是编制施工预算、实行项目管理的依据，是施工准备工作的主要文件。它是在标前施工组织设计的基础上，结合所收集的原始资料和相关信息资料，根据图纸及会审纪要，按照编制施工组织设计的基本原则，综合建设单位、监理单位、设计意图的具体要求进行编制的，以保证工程好、快、省、安全、顺利地完成。

施工单位必须在约定的时间内完成中标后施工组织设计的编制与自审工作，并填写施工组织设计申报表，报送项目监理机构。总监理工程师应在约定的时间内，组织专业监理工程师审查，提出审查意见后，由总监理工程师审定批准，需要施工单位修改时，由总监理工程师签发书面意见，退回施工单位修改后再报审，总监理工程师应重新审定，已审定的施工组织设计由项目监理机构报送建设单位。施工单位应按审定的施工组织设计文件组织施工，如须对其内容做较大变更，应在实施前将变更书面内容报送项目监理机构重新审定。对规模大、结构复杂或属新结构、特种结构的工程，专业监理工程师提出审查意见后，由总监理工程师签发审查意见，必要时与建设单位协商，组织有关专家会审。

三、编制施工预算

施工预算是施工单位根据施工合同价款、施工图纸、施工组织设计或施工方案、施工定额等文件进行编制的企业内部经济文件，它直接受施工合同中合同价款的控制，是施工前的一项重要准备工作，也是施工企业内部控制各项成本支出、考核用工、签发施工任务书、限额领料、基层进行经济核算、进行经济活动分析的依据。在施工过程中，要按施工预算严格控制各项指标，以促进降低工程成本和提高施工管理水平。

第四节　资源准备

一、劳动力组织准备

工程项目是否按目标完成，很大程度上取决于承担这一工程的施工人员的素质。劳动力组织准备包括施工管理层和作业层两大部分，这些人员的选择和分配，将直接影响到工程质量与安全、施工进度及工程成本。因此，劳动力组织准备是开工前施工准备的一项重要内容。

（一）项目组织机构建设

对于实行项目管理的工程，建立项目组织机构就是建立项目经理部。高效率的项目组织机构的建立，是为建设单位服务的，也是为项目管理目标服务的。这项工作实施的合理与否很大程度上关系到拟建工程能否顺利进行。施工企业建立项目经理部，要针对工程特点和建设单位要求，根据有关规定进行精心组织安排，认真抓实、抓细、抓好。

1.项目组织机构的设置原则

（1）用户满意原则。施工单位要根据要求组建项目经理部，让建设单位满意放心。

（2）全能配套原则。项目经理要会安全管理，善经营，懂技术，能担任公关，且要具有较强的适应能力与应变能力和开拓进取精神。项目经理部成员要有相关施工经验及创新精神，工作效率高。项目经理部既合理分工又密切协作，人员分配应满足项目经营管理的需要，如大型项目，项目经理要由一级建造师来担任，管理人员中的高级职称人员不应低于10%。

（3）精干高效原则。项目管理机构要尽量压缩管理层次，因事设职，因职选人，做到管理人员精干、一职多能、人尽其才、恪尽职守，以适应市场变化要求。避免松散、重叠、人浮于事。

（4）管理跨度原则。管理跨度过大，鞭长莫及且心有余而力不足；管理跨度过小，人员众多，造成资源浪费。因此，施工管理机构各层面设置是否合理，要看确定的管理跨度是否科学，也就是应使每一个管理层面都保持适当工作幅度，以使其各层面管理人员在职责范围内实施有效的控制。

（5）系统化管理原则。建设项目是由许多子系统组成的有机整体，系统内部存在大量的接合部，各层次管理职能的设计要形成一个相互制约、相互联系的完整体系。

2.项目经理部的设立步骤

（1）根据企业批准的项目管理规划大纲，确定项目经理部的管理任务和组织形式。

（2）确定项目经理的层次，设立职能部门与工作岗位。

（3）确定人员、职责、权限。

（4）由项目经理根据项目管理目标责任书进行目标分解。

（5）组织有关人员制定规章制度和目标责任考核、奖惩制度。

3.项目经理部的组织形式

项目经理部的组织形式应根据施工项目的规模、结构复杂程度、专业特点、人员素质和地域范围等确定，并应符合下列规定：

（1）大中型项目宜按矩阵式项目管理组织设置项目经理部。

（2）远离企业管理层的大中型项目宜按照事业部式项目管理组织设置项目经理部。

（3）小型项目宜按直线职能式项目管理组织设置项目经理部。

（二）组织精干的施工队伍

1.组织施工队伍，要认真考虑专业工程的合理配合，技工和普工的比例要满足合理的劳动组织要求。按组织施工方式的要求，确定建立混合施工队组或专业施工队组及其数量。组建施工队组，要坚持合理、精干的原则，同时制订出该工程的劳动力需用量计划。

2.集结施工力量，组织劳动力进场。项目经理部确定之后，按照开工日期和劳动力需要量计划组织劳动力进场。

（三）优化劳动组合与技术培训

针对工程施工要求，强化各工种的技术培训，优化劳动组合，主要抓好以下几个方面的工作：

1.针对工程施工难点，组织施工技术人员和工人队组中的骨干力量，进行类似工程的考察学习。

2.做好专业工程技术培训，提高对新工艺、新材料使用操作的适应能力。

3.强化质量意识，抓好质量教育，增强质量观念。

4.工人队组实行优化组合、双向选择、动态管理，最大限度地调动职工的积极性。

5.认真、全面地进行施工组织设计的落实和技术交底工作。施工组织设计、施工计划和技术交底的目的是把施工项目的设计内容、施工计划和施工技术的要求，详尽地向施工队组和工人讲解、交代，这是落实计划和技术责任制的好办法。施工组织设计、计划和技术交底的时间在单位工程或分部（项）工程开工前及时进行，以保证项目严格地按照设计图纸、施工组织设计、安全操作规程和施工验收规范等要求进行施工。施工组织设计、计划和技术交底的内容有：项目的施工进度计划、月（旬）作业计划；施工组织设计，尤其是施工工艺、质量标准、安全技术措施、降低成本措施和施工验收规范的要求；新结构、新材料、新技术和新工艺的实施方案和保障措施；图纸会审中所确定的有关部位的设计变更和技术核定等事项。交底工作应该按照管理系统逐级进行，由上而下直到工人队组。交底的方式有书面形式、口头形式和现场示范形式等。施工队组、工人接受施工组织设计、计划和技术交底后，要组织其成员进行认真的分析研究，弄清关键部位、质量标准、安全措施和操作要领。必要时应该进行示范，并明确任务及做好分工协作，同时建立健全岗位责任制和保证措施。

6.切实抓好施工安全、防火和文明施工等方面的教育。

（四）建立健全各项管理制度

工地的各项管理制度是否建立健全，直接影响其各项施工活动能否顺利进行。有章不循，其后果是很严重的，而无章可循则更加危险。为此，必须建立健全工地的各项管理制度。通常，其内容包括：项目管理人员岗位责任制度，项目技术管理制度，项目质量管理制度，项目安全管理制度，项目计划、统计与进度管理制度，项目成本核算制度，项目材料、机械设备管理制度，项目现场管理制度，项目分配与奖励制度，项目例会及施工日志制度，项目分包及劳务管理制度，项目组织协调制度，项目信息管理制度。项目经理部自行制定的规章制度与企业现行的有关规定不一致时，应报送企业或其授权的职能部门批准。

（五）做好分包安排

对于本企业难以承担的一些专业项目，如：深基础开挖和支护、大型结构安装和设备安装等项目，应及早做好分包或劳务安排，与有关单位协调，签订分包合同或劳务合同，以保证按计划施工。

（六）组织好科研攻关

凡工程中采用带有试验性质的一些新材料、新产品、新工艺项目，应在建设单位、主管部门的参加下，组织有关设计、科研、教学单位共同进行科研工作。要明确各自承担的试验项目、工作步骤、时间要求、经费来源和职责分工。所有科研项目必须经过技术鉴定后，再用于施工。

二、施工物资准备

（一）材料准备

1.根据施工方案中的施工进度计划和施工预算中的工料分析，编制工程所需材料用量计划，作为备料、供料和确定仓库、堆场面积及组织运输的依据。

2.根据材料需用量计划，做好材料的申请、订货和采购工作，使计划得到落实。

3.组织材料按计划进场，按施工平面图的相应位置堆放，并做好合理储备、保管工作。

4.严格验收、检查、核对材料的数量和规格，做好材料试验和检查工作，保证施工质量。

（二）构（配）件及设备加工订货准备

1.根据施工进度计划及施工预算所提供的各种构（配）件及设备数量，做好加工翻样工作，并编制相应的需用量计划。

2.根据需用计划，向有关厂家提出加工订货计划要求，并签订订货合同。

3.组织构（配）件和设备按计划进场，按施工平面布置图做好存放及保管工作。

（三）施工机具准备

1.各种土方机械，混凝土、砂浆搅拌设备，垂直及水平运输机械，钢筋加工设备，木工机械，焊接设备，打夯机，排水设备等应根据施工方案对施工机具配备的要求、数量及施工进度安排，编制施工机具需用量计划。

2.拟由本企业内部负责解决的施工机具，应根据需用量计划组织落实，确保按期供应。

3.对施工企业缺少且需要的施工机具，应与有关方面签订订购或租赁合同，以保证施工需要。

4.对于大型施工机械（如：塔式起重机、挖土机、桩基设备等）的需求量和时间，应与有关方面（如：专业分包单位）联系，提出要求，在落实后签订有关分包合同，并为大型机械按期进场做好现场有关准备工作。

5.安装、调试施工机具，按照施工机具需用量计划，组织施工机具进场，根据施工平面图将施工机具安置在规定的地方或仓库。对施工机具要进行就位、搭棚、接电源、保养、调试工作。对所有施工机具都必须在使用前进行检查和试运转。

（四）生产工艺设备准备

订购生产用的生产工艺设备，要注意交货时间与土建进度密切配合，因为，某些庞大设备的安装往往要与土建施工穿插进行，如果土建全部完成或封顶后，安装会有困难，故各种设备的交货时间要与安装时间密切配合，它将直接影响建设工期。准备时按照施工项目工艺流程及工艺设备的布置图，提出工艺设备的名称、型号、生产能力和需要量，确定分期分批进场时间和保管方式，编制工艺设备需要量计划，为组织运输、确定堆场面积提供依据。

（五）输准备

1.根据上述四项需用量计划，编制运输需用量计划，并组织落实运输工具。

2.按照上述四项需用量计划明确的进场日期，联系和调配所需运输工具，确保材料、构（配）件和机具设备按期进场。

（六）强化施工物资价格管理

1.建立市场信息制度，定期收集、披露市场物资价格信息，提高透明度。

2.在市场价格信息指导下，货比三家，优选进货；对大宗物资的采购要采取招标采购方式，在保证物资质量和工程质量的前提下，降低成本、提高效益。

第五节　施工现场准备

一、现场准备工作的范围及各方职责

施工现场准备工作由两个方面组成：一是建设单位应完成的施工现场准备工作；二是施工单位应完成的施工现场准备工作。建设单位与施工单位的施工现场准备工作就绪时，施工现场就具备了施工条件。

（一）建设单位施工现场准备工作

建设单位要按合同条款中约定的内容和时间完成工作

（1）办理土地征用、拆迁补偿、平整施工场地等工作，使施工场地具备施工条件；在开工后继续负责解决以上事项的遗留问题。

（2）将施工所需水、电、电信线路从施工场地外部接至专用条款约定地点，保证施工期间的需要。

（3）开通施工场地与城乡公共道路的通道，以及专用条款约定的施工场地内的主要道路，满足施工运输的需要，保证施工期间的畅通。

（4）向承包人提供施工场地的工程地质和地下管线资料，对资料的真实性、准确性负责。

（5）办理施工许可证及其他施工所需证件、批件和临时用地、停水、停电、中断道路交通、爆破作业等的申请批准手续（证明承包人自身资质的证件除外）。

（6）确定水准点与坐标控制点，以书面形式交给承包人，进行现场交验。

（7）协调处理施工场地周围的地下管线和邻近建筑物、构筑物（包括文物保护建筑）及古树名木的保护工作，并承担有关费用。

上述施工现场准备工作，承发包双方也可以在合同专用条款内交由施工单位完成，其费用由建设单位承担。

（二）施工单位现场准备工作

施工单位现场准备工作即通常所说的室外准备，施工单位应按合同条款中约定的内容和施工组织设计的要求完成以下工作：

1.根据工程需要，提供和维修非夜间施工使用的照明、围栏设施，并负责安全保卫。

2.按照专用条款约定的数量和要求，向发包人提供施工场地办公和生活用房屋及设施，发包人承担由此发生的费用。

3.遵守政府有关主管部门对施工场地交通、施工噪声及环境保护和安全生产等的管理规定，按规定办理有关手续，并以书面形式通知发包人，发包人承担由此发生的费用，因承包人责任造成的罚款除外。

4.按专用条款约定做好施工场地地下管线和邻近建筑物、构筑物（包括文物保护建筑）及古树名木的保护工作。

5.保证施工场地清洁，符合环境卫生管理的有关规定。

6.建立测量控制网。

7.工程用地范围内"七通一平"，其中平整场地工作应由建设单位承担，但建设单位也可要求施工单位完成，费用仍由建设单位承担。

8.搭设现场生产和生活用的临时设施。

二、拆除障碍物

施工现场内的一切地上、地下障碍物，都应在开工前拆除。这项工作一般由建设单位来完成，但也有委托施工单位来完成的。如果由施工单位来完成这项工作，一定要事先摸清现场情况，尤其是在城市的老区中，由于原有建筑物和构筑物情况复杂，而且往往资料不全，在拆除前需要采取相应的措施，防止发生事故。

1.对于房屋的拆除，一般只要把水源、电源切断后即可进行拆除。若房屋较大、较坚固，采用爆破的方法时，必须经有关部门批准，需要由专业的爆破作业人员来承担。

2.架空电线（电力、通信）、地下电缆（包括电力、通信）的拆除，与电力部门或通信部门联系并办理有关手续后方可进行。

3.自来水、污水、燃气、热力等管线的拆除，都应与有关部门取得联系，办好手续后由专业公司来完成。

4.场地内若有树木，须报园林部门批准后方可砍伐。

5.拆除障碍物留下的渣土等杂物都应清除出场外。运输时，应遵循交通、环保部门的有关规定，运土的车辆要按指定的路线和时间行驶，并采取封闭运输车或在渣土上直接洒水等措施，以免渣土飞扬而污染环境。

三、建立测量控制网

建筑施工工期长，现场情况变化大，因此，保证控制网点的稳定、正确，是确保建筑施工质量的先决条件，特别是在城区建设时，障碍多、通视条件差，给测量工作带来一定的难度，施工时应根据建设单位提供的由规划部门给定的永久性坐标和高程，按建筑总图上的要求进行现场控制网点的测量，妥善设立现场永久性标桩，为施工全过程的投测创造条件。控制网一般采用方格网，这些网点的位置应视工程范围的大小和控制精度而定。建筑方格网多由 100～200 m 的正方形或矩形组成，如果土方工程需要，还应测绘地形图。通常这项工作由专业测量队完成，但施工单位还须根据施工的具体需要做一些加密网点等补充工作。

在测量放线时，应检验和校正经纬仪、水准仪、钢尺等测量仪器，校核结线桩与水准点，制订切实可行的测量方案，包括平面控制、高程控制、沉降观测和竣工测量等工作。

建筑物定位放线，一般通过设计图中平面控制轴线来确定建筑位置，测定并经自检合格后提交有关部门和建设单位或监理人员验线，以保证定位的准确性。沿红线的建筑物放线后，还要由城市规划部门验线，以防止建筑物压红线或者超红线，为正常顺利施工创造条件。

四、"七通一平"

"七通一平"包括在工程用地范围内，接通施工用水、用电、道路、电信、燃气，以及施工现场排水、排污畅通和平整场地的工作。

（一）路通

施工现场的道路是组织物资进场的动脉，拟建工程开工前，必须按照施工总平面图的要求，修建必要的临时性道路。为节约临时工程费用、缩短施工准备工作时间，要尽量利用原有道路设施或拟建永久性道路解决现场道路问题，形成畅通的运输网络，使现场施工用道路的布置确保运输和消防用车等的行驶畅通。临时道路的等级，可根据交通流量和所用车辆确定。

（二）给水通

施工用水包括生产、生活与消防用水，应按施工总平面图的规划进行安排，施工给水尽可能与永久性的给水系统结合起来。临时管线的铺设，既要满足施工用水的需用量，又要施工方便，并且尽量缩短管线的长度，以降低工程的成本。

（三）排水通

施工现场的排水也十分重要，特别在雨期，如场地排水不畅，会影响到施工和运输的顺利进行。高层建筑的基坑深、面积大，施工往往要经过雨期，应做好基坑周围的挡土支护工作，防止坑外雨水向坑内汇流，并做好基坑底部雨水的排放工作。

（四）排污通

施工现场的污水排放，直接影响到城市的环境卫生。由于环境保护的要求，有些污水不能直接排放，而需经过处理后方可排放。因此，现场的排污也是一项重要的工作。

（五）电及电信通

电是施工现场的主要动力来源，施工现场用电包括施工生产用电和生活用电。由于建筑工程施工供电面积大、启动电流大、负荷变化多和手持式用电机具多，施工现场临时用电要考虑安全和节能措施。开工前，要按照施工组织设计的要求，接通电力和电信设施。电源首先应考虑从建设单位给定的电源上获得，如其供电能力不能满足施工用电需要，则应考虑在现场建立自备发电系统，确保施工现场动力设备和通信设备的正常运行。

（六）蒸汽及燃气通

施工中如需要通蒸汽、燃气，应按施工组织设计的要求进行安排，以保证施工的顺利进行。

（七）平整场地

清除障碍物后即可进行场地平整工作。按照建筑施工总平面、勘测地形图和场地平整施工方案等技术文件的要求，通过测量，计算出填挖土方工程量，设计土方调配方案，确定平整场地的施工方案，组织人力和机械进行平整场地的工作。应尽量做到挖填方量趋于平衡，总运输量最小，便于机械施工和充分利用建筑物挖方填土，并应防止利用地表土、软润土层、草皮、建筑垃圾等做填方。

第六节　季节性施工准备

一、冬期施工准备

（一）组织措施

1.合理安排施工进度计划。冬季施工条件差、技术要求高，费用会相应增加，因此，要合理安排施工进度计划，尽量安排能保证施工质量且费用增加不多的项目在冬期施工，如：吊装、打桩、室内装饰装修等工程；而费用增加较多且不容易保证质量的项目则不宜安排在冬期施工，如：土方、基础、外装修、屋面防水等工程。

2.进行冬期施工的工程项目，在入冬前应组织编制冬期施工方案，结合工程实际及施工经验等进行，编制可依据《建筑工程冬期施工规程》（JGJ/T 104—2011）。编制的原则是：确保工程质量，经济合理，使增加的费用为最少；所需的热源和材料有可靠的来源，并尽量减少能源消耗，确保能缩短工期。冬期施工方案应包括施工程序，施工方法，现场布置，设备、材料、能源、工具的供应计划，安全防火措施，测温制度和质量检查制度等。方案确定后，要组织有关人员学习，并向队组进行交底。

3.组织人员培训。进入冬期施工前，对掺外加剂人员、测温保温人员、锅炉司炉工和火炉管理人员，应专门组织技术业务培训，学习工作范围内的有关知识，明确职责，经考试合格后，方可上岗工作。

4.与当地气象台站保持联系，及时接收天气预报，防止寒流突然袭击。

5.安排专人测量施工期间的室外气温、暖棚内气温、砂浆温度、混凝土温度并做好记录。

（二）图纸准备

凡进行冬期施工的工程项目，必须复核施工图纸，查对其是否能适应冬季施工要求。

（三）现场准备

1.根据实际工程量，提前组织有关机具、外加剂和保温材料、测温材料进场。

2.搭建加热用的锅炉房、搅拌站，敷设管道，对锅炉进行试火试压，对各种加热的材料、设备要检查其安全可靠性。

3.计算变压器容量，接通电源。

4.对工地的临时给水排水管道及石灰膏等材料做好保温防冻工作，防止道路积水成冰，及时清扫积雪，保证运输顺利。

5.做好冬期施工混凝土、砂浆及掺外加剂的试配试验工作，提出施工配合比。

6.做好室内施工项目的保温，如：先完成供热系统、安装好门窗玻璃等，以保证室内其他项目能顺利施工。

（四）安全与防火

1.冬期施工时，要采取防滑措施。

2.大雪后必须将架子上的积雪清扫干净，并检查马道平台，如有松动下沉现象，务必及时处理。

3.施工时如接触汽源、热水，要防止烫伤；使用氯化钙、漂白粉时，要防止腐蚀皮肤。

4.亚硝酸钠有剧毒，要严加保管，防止突发性误食中毒。

5.对现场火源要加强管理：使用天然气、煤气时，要防止爆炸；使用焦炭炉、煤炉或天然气、煤气时，应注意通风换气，防止煤气中毒。

6.电源开关、控制箱等设施要加锁，并设专人负责管理，防止漏电、触电。

二、雨期施工准备

（一）合理安排雨期施工

为避免雨期窝工造成损失，一般情况下，在雨期到来之前，应多安排完成基础、地下工程、土方工程、室外及屋面工程等不宜在雨期施工的项目，多留些室内工作在雨天施工。

（二）加强施工管理，做好雨期施工的安全教育

要认真编制雨期施工技术措施（如：雨期前后的沉降观测措施，保证防水层雨期施工质量的措施，保证混凝土配合比、浇筑质量的措施，钢筋除锈的措施等），认真组织贯彻实施。加强对职工安全教育，防止各种事故发生。

（三）防洪排涝，做好现场排水工作

工程地点若在河流附近，上游有大面积山地丘陵，应有防洪排涝准备。施工现场雨期来临前，应做好排水沟渠的开挖，准备好抽水设备，防止场地积水和地沟、基槽、地下室等浸水，对工程施工造成损失。

（四）做好道路维护，保证运输畅通

雨期前检查道路边坡排水，适当提高路面，防止路面凹陷，保证运输畅通。

（五）做好物资的储存

雨期到来前，应多储存物资，减少雨期运输量，以节约费用。要准备必要的防雨器材，库房四周要有排水沟渠，防止物资淋雨进水而变质，仓库要做好地面防潮和屋面防漏雨工作。

（六）做好机具设备等防护

雨期施工，对现场的各种设施、机具要加强检查，特别是脚手架、垂直运输设施等，要采取防倒塌、防雷击、防漏电等一系列技术措施，现场机具设备（焊机、闸箱等）要有防雨措施。

三、夏季准备

（一）编制夏季施工项目的施工方案

夏季施工条件差、气温高且干燥，针对夏季施工的这一特点，对于安排在夏季施工的项目，应编制夏季施工方案及采取的技术措施。如对大体积混凝土在夏季施工，必须合理选择浇筑时间，做好测温和养护工作，以保证大体积混凝土的施工质量。

（二）现场防雷装置的准备

夏季经常有雷雨，工地现场应有防雷装置，特别是高层建筑和脚手架等要按规定设临时的避雷装置，并确保工地现场用电设备的安全运行。

（三）施工人员防暑降温工作的准备

夏季施工，还必须做好施工人员的防暑降温工作，调整作息时间；从事高温工作的场所及通风不良的地方应加强通风和降温，做到安全施工。

第七节 施工准备工作计划与开工报告

一、施工准备工作计划

为了落实各项施工准备工作，加强检查和监督，必须根据各项施工准备的内容、时间和人员，编制出施工准备工作计划。

各项施工准备工作不是分离、孤立的，而是互相补充、互相配合的。为了提高施工准备工作的质量，加快施工准备工作的速度，除了用表编制施工准备工作计划外，还可采用编制施工准备工作网络计划的方法，以明确各项准备工作之间的逻辑关系，找出关键线路，并在网络计划图上进行施工准备工期的调整，尽量缩短准备工作的时间，使各项工作有领导、有组织、有计划和分期分批地进行。

二、开工条件

依据《建设工程监理规范》（GB/T 50319—2013），工程项目开工前，施工准备工作具备以下条件时，施工单位应向监理单位报送工程开工报审表及开工报告、证明文件等，由总监理工程师签发，并报建设单位。

1. 设计交底及图纸会审已完成。

2. 施工组织设计已获总监理工程师批准。

3. 施工现场质量、安全生产管理体系已建立，管理人员已到位，机具、施工人员已进场，主要工程材料已落实。

4. 进场道路及水、电、通风等已满足开工要求。

三、开工报告

开工报告是由建设项目承包商申请，并经总监理工程师批准而正式进行拟建项目永久性工程施工的报告。据国际惯例，没有总监理工程师批准的开工报告，承包商不得进行永久性工程的施工。如承包商未提出此报告，监理工程师照样可以按合同规定时间下达必须进行的永久性工程开工的开工令。得此命令，承包商必须有令工程师满意的要素投入施工现场。在开工令规定的日期，承包商不能按开工令要求开工，或只是象征性开工，都将视作违约。

（一）定义

1. 总体开工报告

承包人开工前应按合同规定向监理工程师提交开工报告，主要内容应包括：施工机构的建立，质检体系、安全体系的建立和劳力安排，材料、机械及检测仪器设备进场情况，水电供应，临时设施的修建，施工方案的准备情况等。虽有以上规定，并不妨碍监理工程师根据实际情况及时下达开工令。

2. 分部工程开工报告

承包人在分部工程开工前14d向监理工程师提交开工报告单，其内容包括：施工地段与工程名称；现场负责人名单；施工组织和劳动安排；材料供应、机械进场等情况；材料试验及质量检查手段；水电供应；临时工程的修建；施工方案进度计划及其他须说明的事项等，经监理工程师审批后，方可开工。

3. 中间开工报告

长时间因故停工或休假（7d以上）重新施工前，或重大安全、质量事故处理完后，承包人应向监理工程师提交中间开工报告。

（二）开工报告内容

1. 建设单位

（1）建设工程规划许可证（包括附件）。

（2）建设工程开工审查表。

（3）建设工程施工许可证。

（4）规划部门签发的建筑红线验线通知书。

（5）在指定监督机构办理的具体监督业务手续。

（6）经建设行政主管部门审查批准的设计图纸及设计文件。

（7）建筑工程施工图审查备案证书。

（8）图纸会审纪要。

（9）施工承包合同（副本）。

（10）水准点、坐标点等原始资料。

（11）工程地质勘察报告、水文地质资料。

（12）建设单位驻工地代表授权书。

（13）建设单位与相关部门签订的协议书。

2. 施工单位

（1）施工企业资质证书、营业执照及注册号。

（2）国家企业等级证书、信用等级证书。

（3）施工企业安全资格审查认可证。

（4）企业法人代码书。

（5）质量体系认证书。

（6）施工单位的试验室资质证书。

（7）工程预标书、工程中标价明细表。

（8）工程项目经理、主任工程师及管理人员资格证书、上岗证（上述资料均为复印件）。

（9）建设工程特殊工种人员上岗证审查表及上岗证复印件（安全员、电工须持建设行业与劳动部门双证）。

（10）建设单位提供的水准点和坐标点复核记录。

（11）施工组织设计报审与审批，施工组织设计方案。

（12）施工现场质量管理检查记录。

（13）建设工程开工报告。

第三章　建设工程施工组织总设计

施工组织总设计是以整个建设项目或建筑群体为编制对象，根据初步设计或扩大初步设计图纸及其他相关资料和现场条件来编制，用以指导整个施工现场各项施工准备和组织施工活动的技术经济文件。施工组织总设计为整个项目的施工做出全面的战略部署，进行全场性的施工准备工作，并为整个工程的施工建立必要的施工条件，组织施工力量和技术，保证物资资源供应，进行现场生产与临时生活设施规划，同时，为建设单位编制工程建设计划及施工企业编制施工计划和单位工程施工组织设计提供依据。它对整个建设项目实现科学管理、文明施工、取得良好的综合经济效益具有决定性的影响。

第一节　施工组织总设计概述

一、施工组织总设计的编制依据

为了保证施工组织总设计的编制工作顺利进行，提高工程质量，使设计文件能结合工程实际情况，更好地发挥施工组织总设计的作用，在编制施工组织总设计时，应具备以下依据：

1.计划文件及相关合同。包括政府批准的建设计划、可行性研究报告、工程项目一览表、分期分批施工项目、投资计划、政府批文、招投标文件、签订的工程承包合同和材料、设备的订货合同等。

2.设计文件及有关规定。包括初步设计、扩大初步设计或技术设计的相关图纸、说明书、建筑总平面图、建筑竖向设计、总概算或修正概算等。

3.工程勘察和原始资料。

4.现行规范、规程和有关技术标准。

5.类似工程的施工组织总设计和有关参考资料。

二、施工组织总设计的编制内容

施工组织总设计编制内容包括工程概况和特点分析、施工部署及主要项目的施工方案、全场性施工准备工作计划、施工总进度计划、各资源需要量计划、施工总平面图和各主要技术经济指标等。

三、工程概括及特点分析

工程概况及特点分析是对整个建设项目的总说明和总分析，是对整个建设项目或建筑群所做的一个简明扼要、突出重点的文字介绍，可根据需要附设建设项目设计的总平面图，主要建筑的平、立、剖示意图及辅助表格。一般应包括以下内容：

（一）建设项目的特点

包括建设地点、工程性质和规模、总占地面积、总建筑面积、总投资额、总工期、分期分批施工的项目和施工工期、主要工种工程量，以及建筑结构类型、新技术、新材料、新工艺的复杂程度和应用情况等。

（二）建设地区特征

包括地形、地貌、水文、地质、气象等情况，以及建设地区资源、交通、运输、水电、劳动力、生活设施等情况。

（三）施工条件及其他内容

包括施工企业的生产能力、技术装备、管理水平，主要设备、材料和特殊物资供应情况，有关的合同、协议等情况，上级主管部门或建设单位对施工的某些要求、土地征用范围、数量和居民搬迁时间等与建设项目施工有关的重要情况。

第二节　施工部署

一、确定工程开展程序

确定建设项目中各项工程合理开展程序是关系到整个建设项目能否尽快投产使用的重要问题。因此，要根据建设项目总目标的要求，合理地确定工程建设项目开展顺序，并从以下几个方面来考虑：

1.在保证工期的前提下，实行分期分批建设。这样既可以使每个具体项目迅速建成，尽早投入使用，又可在全局上取得施工的连续性和均衡性，以减少暂设工程数量，降低工程成本，充分发挥项目建设投资的效果。

一般大型工业建设项目（如：冶金联合企业、化工联合企业等）都应在保证工期的前提下分期分批建设。这些项目的每一个车间不是孤立的，可能由若干个生产系统组成。

在建设时，需要分几期施工，各期工程包括哪些项目，要根据生产工艺要求、建设部门要求、工程规模大小和施工难易程度、资金状况及技术资源情况等确定。同一期工程应是一个完整的系统，以保证各生产系统能够按期投入生产。

2.各类分期分批项目的施工应统筹安排，保护重点，兼顾其他，确保工程项目按期投产。一般情况下，应优先考虑的项目如下：按生产工艺要求，须先期投入生产或起主导作用的工程项目；工程量大、施工难度大、需要工期长的项目；运输和动力系统，如：厂内外道路、铁路和变电站；供施工使用的工程项目，如：各种加工厂、搅拌站等临时设施；生产上须优先使用的机修、车库、办公及宿舍等设施。

3.一般项目均应按"先地下后地上，先深后浅，先干线后支线"的原则进行安排。例如，地下管线和路面工程的程序，应先铺设管线，后施工路面。

4.应考虑季节对施工的影响。例如，大规模土方和深基坑开挖，一般要避开雨季；寒冷地区应尽量使房屋在入冬前封闭，在冬季转入室内作业和设备安装。

二、拟订主要项目的施工方案

施工组织总设计中要拟订一些主要工程项目和特殊分项工程项目的施工方案。这些项目通常是工程量大，施工难度大，工期长，在整个建设项目中起关键控制性作用的单位工程及影响全局的特殊分项工程。其目的是进行技术和资源的准备工作，同时也确保施工顺利开展和现场的合理布置。其重要内容包括以下三个方面：

1.施工方法和工艺流程的确定，要兼顾技术上的先进性和经济上的合理性，兼顾各工种和各施工段的合理搭接，尽量采用工厂化和机械化，重点解决单项工程中的关键分部工程（如：深基坑支护结构）和主要工种的施工方法。

2.主要施工机械设备的选择，既要使主导机械满足工程需要，发挥其效能，在各个工程上实现综合流水作业；又能使辅助配套机械与主导机械相适应。

3.划分施工段时，要兼顾工程量与资源的合理安排，以利于连续均衡施工。

三、明确施工任务划分与组织安排

在明确施工项目管理机构和体制的条件下，划分各参与方的工作任务，明确各承包单位间的关系，建立施工现场统一的组织领导机构及其职能部门，确定综合的施工队伍和专业的施工队伍，明确各单位间的分工合作关系，划分施工段，确定各施工单位分期分批的主攻项目和穿插项目。

四、编制施工准备工作计划

施工准备工作是顺利完成项目建设任务的保证和前提，必须从思想上、组织上、技术上和物资供应等方面做好充分准备，并做好全场性的施工准备工作计划。其主要内容如下：

1.制订好场内外运输、施工用主干道、水电来源及其引入方案。

2.制订好场地平整方案和全场性的排水、防洪措施。

3.安排好生产、生活基地，在充分掌握该地区情况和施工单位情况的基础上，规划好混凝土构件预制、其他构配件加工、仓库及职工生活设施。

4.安排好各种材料堆场、库房用地和材料货源供应及运输。

5.做好冬、雨季施工的准备。

6.准备好场区内的宣传标志，为测量放线做准备。

7.编制新工艺、新结构、新技术与新材料的试制试验计划和培训计划。

第三节　施工总进度计划

一、列出工程项目一览表并计算工程量

施工总进度计划主要起控制总工期的作用，因此在列工程项目一览表时，项目划分不宜过细。通常按分期分批投产顺序和工程开展程序列出工程项目，并突出每个交工系统中的主要工程项目。一些附属项目、辅助工程及临时设施可以合并列出。

根据批准的总承建工程项目一览表，按工程的开展程序和单位工程计算出主要实物工程量。此时，计算工程量的目的是选择施工方案和主要的施工、运输机械，初步规划主要施工过程的流水施工，估算各项目的完成时间，计算劳动力及技术物资的需要量。因此，这些工程量只须粗略计算即可。

计算工程量，可按初步（或扩大初步）设计图纸并根据各种定额手册进行：

1.万元、十万元投资工程量，劳动力及材料消耗扩大指标。这种定额规定了某一种结构类型建筑，每万元或十万元投资中劳动力和主要材料消耗量。根据图纸中的结构类型，即可估算出拟建工程分项需要的劳动力和主要材料消耗量。

2.概算指标或扩大结构定额。这两种定额都是预算定额的进一步扩大（概算指标以建筑物的每100 m³体积为单位，扩大结构定额以每100 m³建筑面积为单位）。查定额时，分别按建筑物的结构类型、跨度、高度分类，查出这种建筑物按拟定单位所需的劳动力和各项主要材料消耗量，从而推算出拟建项目所需要的劳动力和材料消耗量。

3.已建房屋、构筑物的资料。在缺少定额手册的情况下，可采用已建类似工程实际材料和劳动力消耗量，按比例估算。但是，由于和拟建工程完全相同的已建工程毕竟是少见

的，因此在利用已建工程的资料时，一般都应进行必要的调整。

除建设项目本身外，还必须计算主要的全工地性工程的工程量，例如，铁路及道路长度、地下管线长度、场地平整面积等，这些数据可以从建筑总平面图上求得。

二、确定各单位工程的施工期限

影响单位工程施工期限的因素很多，如：施工技术、施工方法、建筑类型、结构特征、施工管理水平、机械化程度、劳动力和材料供应情况、现场地形地质条件、气候条件等。由于施工条件不同，各施工单位应根据具体条件对各影响因素进行综合考虑，确定工期的长短。此外，也可参考有关的工期定额来确定各单位工程的施工期限。

三、确定各单位工程的开工、放工时间和相互搭接关系

在确定了施工期限、施工程序和各系统的控制期限后，就需要对每一个单位工程的开、竣工时间进行具体确定。对各单位工程的工期进行分析之后，通常应考虑下列因素，以确定开工时间、竣工时间及相互搭接关系。

1.保证重点，兼顾一般。在安排进度时，要分清主次，抓住重点，同时期进行的项目不宜过多，以免分散有限的人力和物力。

2.满足连续性、均衡性施工的要求。尽量使劳动力、材料和施工机械的消耗量在施工全过程保持均衡，减少高峰或低谷的出现，以利于劳动力的调度和材料供应；同时，组织好大流水作业，尽量保证各施工段能同时作业，达到施工的连续性，避免施工段的闲置。

3.要满足生产工艺要求，合理安排各个建筑物的施工顺序，以缩短建设周期，尽快发挥投资效益。

4.分期分批建设，发挥最大效益。在第一期工程投产的同时，安排好第二期及后期工程的施工，在有限条件下保证第一期工程早投产，促进后期工程的施工进度。

5.认真考虑施工总平面图的空间关系。应在满足有关规范要求的前提下，使各拟建临时设施布置尽量紧凑，节省占地面积。

6.认真考虑各种条件限制。在考虑各单位工程开、竣工时间和相互搭接关系时，还应考虑现场条件、施工力量、物资供应、机械化程度及设计单位提供图纸等资料的时间、投资等情况，以及季节、环境的影响。

总之，全面考虑各种因素，合理调整各单位工程的开工时间和施工顺序。

四、安排施工进度

施工总进度计划可用横道图和网络图表达。由于施工总进度计划只是起控制性作用，且施工条件复杂，因此项目划分不必过细。

施工总进度计划完成后，把各项工程的工作量相加，即可确定某时间建设项目总工作量的大小。工作量大的高峰期，资源需求就多，可根据具体情况，调整一些单位工程的施工速度或开、竣工时间，避免高峰时资源紧张，也能保证整个工程建设时期工作量达到均衡。

五、施工总进度计划的调整和修正

施工总进度计划表绘制完成后，将同一时期各项工程的工作量相加，用一定的比例画在施工总进度计划的底部，即可得出建设项目工作量的动态曲线。若曲线上存在较大的高峰或低谷，则表明在该时间里各种资源的需要量变化较大，需要调整一些单位工程的施工速度或开、竣工时间，以便消除高峰或低谷，使各个时期的工作量尽可能达到均衡。

在编制了各个单位工程的施工进度后，有时也需要对施工总进度计划进行必要的调整；在实施过程中，也应随着施工的进展及时做出必要的调整；对于跨年度的建设项目，还应根据年度国家基本建设投资情况对施工进度计划予以调整。

第四节　资源需要量计划

一、综合劳动力和主要工种劳动力计划

劳动力需要量计划是规划暂设工程和组织劳动力进场的依据。编制时首先根据工程量汇总表中分别列出的各个建筑物的主要实物工程量，查找预算定额或有关资料，得到各个建筑物主要工种的劳动量，再根据施工总进度计划表各单位工程分工种的持续时间，即可得到某单位工程在某段时间里的平均劳动力数。按同样方法可计算出各个建筑物各主要工种在各个时期的平均工人数。将各单位工程所需的主要劳动力汇总，即可得出整个建设工程项目劳动力需要量计划，并填入指定的劳动力需要量表。

二、材料、购件及半成品需要量计划

根据工程量汇总表所列各建筑物的工程量，查找定额或有关资料，便可得出各建筑物所需的建筑材料、构件和半成品的需要量。然后根据施工总进度，大致算出某些建筑材料在某一时间内的需要量，从而编制出建筑材料、构件和半成品的需要量计划。

三、施工机具需要量计划

根据施工总进度计划、主要建筑物施工方案和工程量，套用机械产量定额即可求得施

工机具需要量计划。辅助施工机械需要量可根据建筑安装工程概算指标求得，从而编制出施工机械需要量计划。

四、施工准备工作计划

为了落实各项施工准备工作，加强检查和监督，必须根据各项施工准备工作的内容、时间和人员，编制出施工准备工作计划。

第五节 全场性暂设工程

一、工地加工厂组织

对于工地加工厂组织，主要是确定其建筑面积和结构形式。根据建设项目对某种产品的加工量来确定加工厂的类型、结构和面积。

（一）加工厂的类型和结构

工地加工厂主要有钢筋混凝土构件加工厂、木材加工厂、模板加工车间、细木加工车间、钢筋加工厂、金属结构构件加工厂和机械修理厂等。对于公路、桥梁路面工程还须有沥青混凝土加工厂。

工地加工厂的结构形式应根据使用情况和当地条件而定。一般使用期限较短者，可采用简易结构；使用期限长的，宜采用砖石结构、砖木结构等坚固耐久性结构形式或采用拆装式活动房屋。

（二）加工厂面积确定

钢筋混凝土构件预制厂、锯木车间、模板加工车间、细木加工车间、钢筋加工车间等的建筑面积可用下式确定：

$$F = \frac{K \times Q}{T \times S \times a} \tag{3-1}$$

式中，F——所需建筑面积，m^2。

Q——加工总量，m^3，kg 等。

K——不均衡系数，取 1.3 ~ 1.5。

T——加工总时间，月。

S—每平方米场地月平均产量。

a——场地或建筑面积利用系数，取 0.6 ~ 0.7。

混凝土搅拌站面积确定公式如下：

$$F = N \times A \qquad （3-2）$$

式中，F——所需建筑面积，m^2。

N——搅拌机台数，台。

A——每台搅拌机所需面积，m^2。

搅拌机台数确定公式如下：

$$N = \frac{Q \times K}{T \times R} \qquad （3-3）$$

式中，Q——混凝土需要总量，m^3。

K——不均衡系数，取1.5。

T——混凝土工程施工总工期，工日。

R——每台混凝土搅拌机的台班产量。

二、工地仓库组织

（一）工地仓库的类型和结构

1.工地仓库的类型

建设工程所用仓库按其用途可分为以下几种类型：①转运仓库，设在火车站、码头附近，用来转运货物；②中心仓库，用以储存整个工程项目工地、地域性施工企业所需的材料；③现场仓库（包括堆场），专为某项工程服务的仓库，一般建在现场；④加工厂仓库，用于某加工厂储存原材料、已加工的半成品、构件等。

2.工地仓库的结构

工地仓库的结构有：①露天仓库，用于堆放不易受自然条件影响的材料；②库房，用于堆放易受自然条件影响而发生性能、质量变化的物品。

（二）工地物资储备量的确定

工地物资储备一方面要保证工程的施工连续性；另一方面要避免材料的大量积压，以免造成仓库面积过大，增加投资。储存量的大小要根据工程的具体情况而定，占用场地小、运输方便的材料可少储存，运输不便、受季节影响大的材料可多储存。

对经常或连续使用的材料，如：砖、瓦、砂、石、水泥、钢材等，可按储备期计算：

$$P = \frac{T_c \times Q_i \times K_j}{T} \qquad （3-4）$$

式中，P——某种材料的储备量，m^3，kg等。

T_c——材料储备天数，d。

Q_i——某种材料年度或季度的总需要量，可根据材料需要量计划表求得。

T——有关施工项目的施工总工日。

K_j——某种材料使用不均衡系数。

（三）确定仓库面积

求得某种材料的储备量后，便可根据其储备期定额，用下式计算其仓库面积：

$$F = \frac{P}{q \times k}$$ （3-5）

式中，F——某种材料所需的仓库总面积，m^3。

P——仓库材料储备量。

q——每平方米仓库面积能存放的材料、半成品和成品的数量。

k——仓库面积有效利用系数。

三、工地运输组织

（一）工地运输组织的方式

运输方式有铁路运输、公路运输、水路运输和特种运输等。根据运输量的大小、运货距离、货物性质、现有运输条件和装卸费用等各方面的因素选择运输方式。

当货物由外地利用公路、水路或铁路运来时，一般由专业运输单位承运，施工单位往往只解决工程所在地区及工地范围内的运输。

（二）确定运输量

工程所需的所有材料、设备及其他物资均需要从工地以外的地方运来，其运输总量应按工程的实际需要量来确定，同时还应考虑每日工程对物资的需求，确定单日的最大运量。每日货运量按下式计算：

$$q = \frac{\sum Q_i \times L_i}{T} \times K$$ （3-6）

式中，q——每昼夜货运量，$t \cdot km$。

Q_i——各种货物的年度需要总量。

L_i——各种货物从发货地到储存地的距离，km。

T——工程项目施工总工日。

K——运输工作不均衡系数，铁路运输取 1.0，汽车运输取 0.6 ~ 0.8。

（三）确定运输方式

在选择运输方式时，应考虑各种影响因素，如：运量的大小、运距的长短、货物的性质、路况及运输条件、自然条件等。另外，还应考虑经济条件，如：装卸、运输费用等。

一般情况下，在选择运输方式时，应尽量利用已有的永久性道路（水路、铁路、公路），通过经济分析、比较，确定一种或几种联合的运输方式。

当货运量大，可以使用拟建项目的标准轨铁路，且距国家铁路较近时，宜铁路运输；当地势复杂，且附近又没有铁路时，应考虑汽车运输；当货运量不大，运距较近时，宜采用汽车运输或特种运输；有水运条件的可采用水运。

（四）确定运输工具数量

运输方式确定后，就可以计算运输工具的数量。每个工作班所需的运输工具数按下式计算：

$$n = \frac{q}{c \times b \times K_1}$$

（3-7）

式中，n——每个工作班所需运输工具数，台。

q——每日货运量，（t·km）/日。

c——运输工具的台班产量，（t·km）/台班。

b——每日的工作班次，班。

K_1——运输工具使用不均衡系数，火车可取 1.0，汽车取 0.6 ~ 0.8，马车取 0.5，拖拉机取 0.65。

四、办公及福利设施组织

在建设工程项目时，必须考虑施工人员的办公、生活福利用房及车库、仓库、加工车间、修理车间等设施的建设。这些临时性建筑是建设项目顺利实施的必要条件，必须组织好。

（一）办公及福利设施的类型

1.行政管理类。该类设施包括办公室、传达室、车库、仓库、加工车间、修理车间等。

2.生活福利类。该类设施包括宿舍、医务室、浴室、招待所、图书室和娱乐室等。

（二）工地人员的分类

1.直接参与施工生产的工人，包括建筑安装工人、装卸工人、运输工人等。

2.辅助施工生产的工人，包括机修工人、仓库管理人员、临时加工厂工人、动力设施管理工人等。

3.行政、技术管理人员。

4.生活服务人员。

5.家属。

（三）办公及福利设施的规划与实施

办公及福利设施的规划应根据工程项目建设中的用人情况来确定。

1.确定人员数量

（1）直接生产工人（基本工人）。其数量一般用下式计算：

$$n = \frac{T}{t} \times K_1 \tag{3-8}$$

式中，n——直接生产的基本工人数。

T——工程项目年（季）度所需总工作日。

t——年（季）度有效工作日。

K_1——年（季）度施工不均衡系数，取1.1 ~ 1.20。

（2）非生产人员。按国家规定比例计算，见表3-1。

表3-1 非生产人员比例

序号	企业类型	非生产人员比例/（%）	非生产人员组成/（%）		折算为占生产人员比例/（%）
			管理人员	服务人员	
1	中央、省、市、自治区属	16 ~ 18	9 ~ 11	6 ~ 8	19 ~ 22
2	省、直辖市、地区属	8 ~ 10	8 ~ 10	5 ~ 7	16.3 ~ 19
3	县（市）企业	10 ~ 14	7 ~ 9	4 ~ 6	13.6 ~ 16.3

注：①工程分散，职工数较多者取上限。

②新辟地区、当地服务网点尚未建立时应增加服务人员5% ~ 10%。

③大城市、大工业区服务人员应减少2% ~ 4%。

④家属。工期短，距离近的家属少安排些；工期长，距离远的家属多安排些。

2.确定办公及福利设施的建筑面积

工地人员确定后，可按实际人数确定建筑面积：

$$S = N \times P \qquad (3\text{-}9)$$

式中，S——建筑面积，m^2。

　　N——施工工地人数。

　　P——建筑面积指标。

五、工地供水组织

工地供水的主要类型有生活用水、生产用水和消防用水。

工地供水的主要内容有：确定用水量，选择水源，确定供水系统。在规划临时供水系统时，必须充分利用永久性供水设施为施工服务。

（一）确定用水量

1.生产用水量

$$q_1 = 1.1 \times \frac{\sum Q_1 N_1 K_1}{t \times 8 \times 3600} \qquad (3\text{-}10)$$

式中，q_1——生产用水量，L/s。

　　1.1——未预见用水量的修正系数。

　　Q_1——年（季、月）度工程量，可从总进度计划及主要工种工程量中求得。

　　N_1——各工种工程施工用水定额。

　　K_1——每班用水不均衡系数，取 $1.25 \sim 1.5$。

　　t——与 Q_1 相应的工作日（d），按每天一班计。

2.施工机械用水量

$$q_2 = 1.1 \times \frac{\sum Q_2 N_2 K_2}{8 \times 3600} \qquad (3\text{-}11)$$

式中，q_2——施工机械用水量，L/S。

　　1.1——未预见用水量的修正系数。

　　Q_2——同一种机械台班数。

　　N_2——该种机械台班的用水定额。

　　K_2——施工机械用水不均衡系数，取 $1.1 \sim 2$。

3.生活用水量

$$q_3 = 1.1 \times \frac{PN_3K_3}{24 \times 3600} \tag{3-12}$$

式中，q_3——生活用水量，L/s。

　　1.1——未预见用水量的修正系数。

　　P——建筑工地最高峰工人数。

　　N_3——每人每日生活用水定额。

　　K_3——每日用水不均衡系数，取1.5～2.5。

4.消防用水量

消防用水量 q_4 应根据建筑工地大小及居住人数确定，可参考表3-2取值。

表3-2　消防用水量

序号	用水名称	火灾同时发生次数	单位	用水量
1	居民区消防用水 5 000人以内 10 000人以内 25 000人以内	1 2 3	L/s L/s L/s	10 10～15 15～20
2	施工现场消防用水 施工现场在25hm²以内 每增加25hm²递增	1	L/s	10～15 5

5.总用水量 Q

（1）当 $q_1 + q_2 + q_3 \leqslant q_4$ 时，取：

$$Q = q_4 + \frac{1}{2}(q_1 + q_2 + q_3) \tag{3-13}$$

（2）当 $q_1 + q_2 + q_3 > q_4$，取：

$$Q = q_1 + q_2 + q_3 \tag{3-14}$$

（3）当工地面积小于5hm²，且 $q_1 + q_2 + q_3 < q_4$ 时，取：

$$Q = q_4 \tag{3-15}$$

最后计算出的总用水量应增加10%，以补偿不可避免的管网渗漏损失。

（二）选择水源

建筑工地临时供水水源有供水管道和天然水源两种。应尽可能利用现场附近已有的供水管道，只有在工地附近没有现成的供水管道或现成的供水管道无法使用及供水管道供水量难以满足使用要求时，才使用江河、水库、泉水、井水等天然水源。选择水源时应注意以下因素：①水量充足可靠；②生活饮用水、生产用水的水质应符合要求；③与农业、水利综合利用；④取水、输水、净水设施要安全、可靠、经济；⑤施工运转、管理和维护方便。

（三）确定供水系统

临时供水系统可由取水设施、贮水构筑物（水塔及蓄水池）、输水管和配水管线综合而成。这个系统应优先考虑建成永久性供水系统，只有在工期紧迫、修建永久性供水系统难以应付急需时，才修建临时供水系统。

1.确定取水设施

取水设施一般由进水装置、进水管和水泵组成。取水口距河底（或井底）0.25 ~ 0.9m。供水工程所用水泵有离心泵、隔膜泵及活塞泵三种。所选用的水泵应具有足够的抽水能力和扬程。

2.确定贮水构筑物

贮水构筑物一般由水池、水塔或水箱组成。在临时供水时，如水泵房不能连续抽水，则须设置贮水构筑物。其容量以每小时的消防用水确定，但不得少于$10 ~ 20 \text{ m}^3$。贮水构筑物（水塔）的高度应依供水范围、供水对象位置及水塔本身的位置来确定。

3.管材选择与管径确定

临时供水管道通常根据压力的大小和管径的粗细来确定管材，一般干管为钢管、铸铁管、预应力混凝土压力管等，支管为钢管、热镀锌钢管等。管径的大小由下式计算：

$$D = \sqrt{\frac{4Q \times 1\,000}{\pi \times v}} \qquad （3\text{-}16）$$

式中，D——配水管直径，mm。

Q——总需水量，L/s。

v——管网中水流速度，m/s。

六、工地临时供电组织

建筑工地临时供电组织有：计算用电量，选择电源，确定变压器，布置配电线路和选择导线截面等。

（一）用电量计算

施工用电主要分动力用电和照明用电两部分，其用电量为：

$$P = (1.05 \sim 1.1)\left(K_1\frac{\sum P_1}{\cos\varphi} + K_2\sum P_2 + K_3\sum P_3 + K_4\sum P_4 \right)$$ （3-17）

式中，P——供电设备总需要容量，kV·A。

P_1——电动机额定功率，kW。

P_2——电焊机额定容量，kV·A。

P_3——室内照明容量，kW。

P_4——室外照明容量，kW。

$\cos\varphi$——电动机的平均功率因素（一般为0.65 ~ 0.75，最高为0.75 ~ 0.78）。

K_1，K_2，K_3，K_4——需要系数。

施工现场的照明用电量所占的比重较动力用电量要少得多，所以在估算总用电量时可以不考虑照明用电量，只要在动力用电量之外再加上10%作为照明用电量即可。

（二）选择电源

工地临时供电的电源应优先选用城市或地区已有的电力系统，只有无法利用或电源不足时，才考虑设临时电站供电。一般是将附近的高压电通过设在工地的变压器引入工地，这是最经济的方案，但事先应将用电量向供电部门申请批准。变压器的功率则可按下式计算：

$$P = K\left(\frac{\sum P_{\max}}{\cos\varphi} \right)$$

（3-18）

式中，P——变压器的功率，kV·A。

K——功率损失系数，取1.05。

$\sum P_{\max}$——施工区的最大计算负荷（kW）。

$\cos\varphi$——功率因素。

根据计算所得容量，可从变压器产品目录中选用相近的变压器。

（三）选择配电线路和导线截面

配电线路的布置方案有枝状、环状和混合式三种，主要根据用户的位置和要求及永久性、供电线路的形状而定。

一般3 ~ 10 kV的高压线路宜采用环状，380/220 V的低压线路可用枝状。线路中的导线截面则应满足机械强度、允许电流和允许电压降的要求。通常导线截面是先根据负荷电流的大小选择，再以机械强度和允许的电压损失值进行换算。

第四章　建设工程施工质量管理基础

质量是建筑本身的真正生命，也是社会关注的热点。在科学技术日新月异和经济建设高速发展的今天，建筑工程的质量关系到国家经济发展和人民生命财产安全，所以，建筑工程质量管理的工作就显得尤为重要，在建筑工程施工的过程中，任何一个环节、任何一个部位出现问题，都会给工程的整体质量带来负面的影响，甚至是严重的后果。而建筑工程作为建筑业的产品，其质量的特征与其他产品而言却大不相同，它不像其他产品具有包退、包换、包修的特性，也不像其他的产品在质量检测时可以拆卸或者解体。因为，建筑产品具有一次性，要确保建筑工程质量必须要先明确工程质量的控制原则、内容与方法。

第一节　建设工程质量管理概述

一、质量和质量管理

在工程建设过程中，加强工程质量管理，确保国家和人民的生命财产安全是施工项目管理中的头等大事。"百年大计，质量第一"，这是我国建筑业多年来一贯奉行的质量方针。目前，许多建筑施工企业经常强调"以质量求生存，以信誉求发展"。由此可见，加强建筑工程质量管理有着十分重要的意义。

（一）质量

质量的概念有广义和狭义之分，狭义的质量通常指的是产品质量，产品质量是指产品适应社会生产和生活消费需要而具备的特性，它是产品使用价值的具体体现。而广义的质量除产品质量之外，还包括工作质量。在国际标准ISO 9000: 2000中，对质量做了比较全面和准确的定义："一组固有特性满足要求的程度。"这里"要求"是指"明示的、通常隐含的或必须履行的需求或期望"。要求不仅是指顾客的要求，还应包括社会的需求，应符合国家的法律、法规和现行的相关政策。就建筑工程而言，施工现场的质量就是施工现场的各个部门、各个环节，乃至各个工人和技术人员、管理人员所做的工作的质量。由于每一个岗位都有明确的工作质量标准，对建筑工程现场施工质量起到保证与完善的作用。所以说，工作质量不仅是现场施工质量的保证，也是建筑工程质量的保证，它反映了与建筑工程直接有关的工作对于建筑工程质量的保证程度。也可以说，施工现场工作质量的优劣，反映出施工现场和企业管理质量水平的高低。

（二）质量管理

质量管理是指确定和建立质量方针、目标和职责，并在质量体系中通过诸如质量策划、质量控制、质量保证和质量改进等手段来实施的全部管理职能的所有活动。质量管理的发展是与工业生产技术和管理科学的发展密切相关的。现代关于质量管理的概念可以分别归纳为对社会性、对经济性和对系统性这三个方面的认识。

1.社会性

质量的好坏不仅关系到直接的用户，还要从整个社会的角度来进行评价，尤其关系到生产安全、环境污染、生态平衡等问题时更是如此。

（1）坚持按标准组织生产

标准化工作是质量管理的重要前提，是实现管理规范化的需要。企业的标准分为技术标准和管理标准。技术标准主要分为原材料辅助材料标准、工艺工装标准、半成品标准、产成品标准、包装标准、检验标准等。它是沿着产品形成这根线，环环相扣控制投入各工序物料的质量，层层把关设卡，使生产过程处于受控状态。在技术标准体系中，各个标准都是以产品标准为核心而展开的，都是为了达到产成品标准服务的。

（2）强化质量检验机制

质量检验在生产过程中发挥以下的职能：一是保证的职能，也就是把关的职能。通过对原材料、半成品的检验，鉴别、分选、剔除不合格品，并决定该产品或该批产品是否接收。保证不合格的原材料不投产，不合格的半成品不转入下道工序，不合格的产品不出厂。二是预防的职能。通过质量检验获得的信息和数据，为控制提供依据，发现质量问题，找出原因及时排除，预防或减少不合格产品的产生。三是报告的职能。质量检验部门将质量信息、质量问题及时向厂长或上级有关部门报告，为提高质量，加强管理提供必要的质量信息。

（3）实行质量否决权

产品质量靠工作质量来保证，工作质量的好坏主要是人的问题。因此，如何挖掘人的积极因素，健全质量管理机制和约束机制，是质量工作中的一个重要环节。质量责任制或以质量为核心的经济责任制是提高人的工作质量的重要手段。质量责任制的核心就是企业管理人员、技术人员、生产人员在质量问题上实行责、权、利相结合。作为生产过程质量管理，首先，要对各个岗位及人员分析质量职能，即明确在质量问题上各承担的责任，工作的标准要求。其次，要把岗位人员的产品质量与经济利益紧密挂钩，兑现奖罚。对长期优胜者给予重奖，对玩忽职守造成质量损失的除不计工资外，还处以赔偿或其他处分。

（4）抓住影响产品质量的关键因素，设置质量管理点或质量控制点

质量管理点的含义是生产制造现场在一定时期、一定的条件下对需要重点控制的质量特性、关键部位、薄弱环节及主要因素等采取的特殊管理措施和办法，实行强化管理，使工厂处于很好的控制状态，保证规定的质量要求。加强这方面的管理，需要专业管理人员对企业整体做出系统分析，找出重点部位和薄弱环节并加以控制。质量是企业的生命，是一个企业整体素质的展示，也是一个企业综合实力的体现。伴随着社会的进步和生活水平的提高，人们对产品质量的要求也越来越高。因此，企业要想长期稳定发展，必须围绕质量这个核心开展生产，加强产品质量管理。

2.经济性

质量不仅从某些技术指标来考虑，还从制造成本、价格、使用价值和消耗等几方面来综合评价。在确定质量水平或目标时，不能脱离社会的条件和需要，不能单纯追求技术上的先进性，还应考虑使用上的经济合理性，使质量和价格达到合理的平衡。

3.系统性

质量是一个受到设计、制造、安装、使用、维护等因素影响的复杂系统。例如，汽车是一个复杂的机械系统，同时又是涉及道路、司机、乘客、货物、交通制度等特点的使用系统。产品的质量应该达到多维评价的目标。费根堡姆认为，质量系统是指具有确定质量标准的产品和为交付使用所必需的管理上和技术上的步骤的网络。

质量管理发展到全面质量管理，是质量管理工作的又一个大的进步，统计质量管理着重于应用统计方法控制生产过程质量，发挥预防性管理作用，从而保证产品质量。然而，产品质量的形成过程不仅与生产过程有关，还与其他许多过程、许多环节和因素相关联，这不是单纯依靠统计质量管理所能解决的。全面质量管理相对更加适应现代化大生产对质量管理整体性、综合性的客观要求，从过去限于局部性的管理进一步走向全面性、系统性的管理。

二、建筑工程质量管理及其重要性

（一）建设工程项目各阶段对质量形成的影响

对于一般的产品而言，顾客在市场上直接购置一个最终产品，是不会介入该产品的生产过程的。而对于工程产品来说，由于工程建设过程的复杂性和特殊性，它的业主或者是投资者必须直接介入整个生产过程，参与全过程的、各个环节的、对各种要素的质量管理。要达到预期工程项目的目标，得到一个高质量的工程，必须对整个项目的过程实施严格控制工程质量管理。工程质量管理必须达到微观和宏观的统一、过程和结果的统一。

由于项目施工是循序渐进的过程，因此，在建设工程项目质量管理过程中，任何一个

方面出现问题，必然会影响后期的质量管理，进而影响整个工程的质量目标。而工程项目所具有周期长的特点，使得工程质量不是旦夕之间形成的。工程建设各个阶段紧密衔接且相互制约影响，使得每一个阶段均对工程质量的形成产生十分重要的影响。一般来说，工程项目立项、设计、施工和竣工验收等阶段的过程质量应该为使用阶段服务，应该满足使用阶段的要求。工程建设的不同阶段对工程质量的形成起着不同的作用和影响，具体表现在以下五个方面：

1. 工程项目立项阶段对工程项目质量的影响

项目建议书、可行性研究是建设前期必需的程序，是工程立项的依据，是决定工程项目建设成败的首要条件，它关系到工程建设资金保证、时效保证、资源保证，决定了工程设计与施工能否按照国家规定的建设程序、标准来规范建设行为，也关系到工程最终能否达到质量目标和被社会环境所容纳。在项目的决策阶段主要是确定工程项目应达到的质量目标及水平。对于工程建设，需要平衡投资、进度和质量的关系，做到投资、质量和进度的协调统一，达到让业主满意的质量水平。因此，项目决策阶段是影响工程质量的关键阶段，要充分了解业主和使用者对质量的要求和意愿。

2. 工程勘察设计阶段对工程项目质量的影响

工程项目的地质勘察工作，是选择建设场地和为工程设计与施工提供场地的强度依据。地质勘察是决定工程建设质量的重要环节。地质勘察的内容和深度、资料可靠程度等将决定工程设计方案能否综合考虑场地的地层构造、岩石和土的性质、不良地质现象及地下水等条件，是全面、合理地进行工程设计的关键，同时，也是工程施工方案确定的重要依据。

3. 工程项目设计阶段对工程项目质量的影响

工程项目设计质量是决定工程建设质量的关键环节，工程采用什么样的平面布置和空间形式，选用什么样的结构类型、材料、构配件及设备等，都直接关系到工程主体结构的安全、可靠，关系到建设投资的综合功能是否能充分体现出规划意图。在一定程度上，设计的完美性也反映了一个国家的科技水平和文化水平。设计的严密性和合理性从根本上决定了工程建设的成败，是主体结构和基础安全、环境保护、消防、防疫等措施得以实现的保证。

4. 工程项目施工阶段对工程项目质量的影响

工程项目的施工是指按照设计图纸及相关文件，在建设场地上将设计意图付诸实现的测量、作业、检验并保证质量的活动。施工的作用是将设计意图付诸实施，建成最终产品。任何优秀的勘察设计成果，只有通过施工才能变成现实。因此，工程施工活动决定了设计意图能否实现，它直接关系到工程基础和主体结构的安全可靠、使用功能的实现及外表观感能否体现建筑设计的艺术水平。在一定程度上，工程项目的施工是形成工程实体质量的决定性环节。工程项目施工所用的一切材料，如：钢筋、水泥、商品混凝土、砂石等及后期采用的装饰装修材料都要经过有资质的检测部门检验合格后，才能用到工程上。在施工期间，监理单位要认真把关，做好见证取样送检及跟踪检查工作。确保施工所用材料、施工操作符合设计要求及施工质量验收规范规定。

5.工程项目的竣工验收阶段对工程项目质量的影响

工程项目竣工验收阶段，就是对项目施工阶段的质量进行试车运转、检查评定，考核质量目标是否符合设计阶段的质量要求。这一阶段是工程建设向生产和使用转移的必要环节，影响工程能否最终形成生产能力和满足使用要求，体现工程质量水平的最终结果。因此，工程竣工验收阶段是工程质量管理的最后一个环节。

建筑工程项目质量的形成是一个系统的过程，是工程立项、勘察设计、施工和竣工验收各阶段质量的综合反映。建筑工程项目质量的优劣，不但关系到工程的使用性，而且关系到人民生命财产的安全和社会安定。若由于施工质量低劣，造成工程质量事故或隐患，其后果是不堪设想的。因此，在工程建设过程中，加强各个阶段的质量管理，确保国家和人民生命财产安全是施工项目管理的头等大事。

（二）建筑工程项目质量控制

建筑工程施工就是将设计图纸转变为工程项目实体的一个过程，也是最终形成建筑产品质量的重要阶段。因此，建筑工程施工阶段的质量控制自然就成为提高工程质量的关键。

1.施工项目质量控制的原则

（1）坚持"质量第一，用户至上"原则

建筑产品是一种特殊商品，使用年限长，相对来说购买费用较大，直接关系到人民生命财产的安全。所以，工程项目施工阶段，必须始终把"质量第一，用户至上"作为质量控制首要原则。

（2）坚持"以人为核心"原则

人是质量的创造者，质量控制必须把人作为控制的动力，调动人的积极性、创造性，增强人的责任感，提高人的质量意识，减少甚至避免人为的失误，以人的工作质量来保证工序质量、促进工程质量的提高。

（3）坚持"以预防为主"原则

以预防为主，就是要从对工程质量的事后检查转向事前控制、事中控制；从对产品质量的检查转向对工作过程质量的检查、对工序质量的检查、对中间产品（工序或半成品、构配件）的检查。这是确保施工项目质量的有效措施。

（4）坚持"用质量标准严格检查，一切用数据说话"原则

质量标准是评价建筑产品质量的尺度，数据是质量控制的基础和依据。产品质量是否

符合质量标准，必须通过严格检查，用实测数据说话。

（5）坚持遵守"科学、公正、守法"的职业规范

建筑施工企业的项目经理、技术负责人在处理质量方面的问题时，应尊重客观事实、尊重科学，正直、公正，不持偏见；遵纪守法、杜绝不正之风；既要坚持原则、严格要求、秉公办事，又要谦虚谨慎、实事求是、以理服人。

2.施工项目质量控制的内容

（1）对人的控制

人，是指直接参与施工的组织者、指挥者和具体操作者。对人的控制就是充分调动人的积极性，发挥人的主导作用。因此，除了加强政治思想教育、劳动纪律教育、专业技术和安全培训、健全岗位责任制、改善劳动条件外，还应根据工程特点，从确保工程质量的角度出发，在人的技术水平、生理缺陷、心理活动、错误行为等方面来控制对人的使用。如：对技术复杂、难度大、精度要求高的工序，应尽可能地安排责任心强、技术熟练、经验丰富的工人完成；对某些要求万无一失的工序，一定要分析操作者的心理活动，稳定人的情绪；对具有危险源的作业现场，应严格控制人的行为，严禁吸烟、打闹等。此外，还应严禁无技术资质的人员上岗作业；对不懂装懂、碰运气、侥幸心理严重的或有违章行为倾向的人员，应及时制止。总之，只有提高人的素质，才能确保建筑新产品的质量。

（2）对材料的控制

对材料的控制包括对原材料、成品、半成品、构配件等的控制，就是严格检查验收、正确合理地使用材料和构配件等，建立健全材料管理台账，认真做好收、储、发、运等各环节的技术管理，避免混料、错用和将不合格的原材料、构配件用到工程上去。

（3）对机械的控制

对机械的控制包括对所有施工机械和工具的控制。要根据不同的工艺特点和技术要求，选择合适的机械设备，正确使用、管理和保养机械设备，要建立健全"操作证"制度、岗位责任制度、"技术、保养"制度等，确保机械设备处于最佳运行状态。如施工现场进行电渣压力焊接长钢筋，按规范要求必须同心；如因焊接机械而达不到要求，就应立即更换或维修后再用，不要让机械设备或工具带病作业，给施工的环节埋下质量隐患。

（4）对方法的控制

对方法的控制主要包括对施工组织设计、施工方案、施工工艺、施工技术措施等的控制，应切合工程实际，能解决施工难题，技术可行，经济合理，有利于保证工程质量、加快进度、降低成本。选择较为适当的方法，使质量、工期、成本处于相对平衡的状态。

（5）对环境的控制

影响工程质量的环境因素较多，主要有技术环境，如地质、水文、气象等；管理环境，如：质量保证体系、质量管理制度等；劳动环境，如：劳动组合、作业场所、工作面

等。环境因素对工程质量的影响，具有复杂而多变的特点，如气象条件就千变万化，温度、湿度、大风、严寒酷暑都直接影响工程质量，有时前一工序往往就是后一工序的环境。因此，应对影响工程质量的环境因素采取有效的措施予以严格控制，尤其是施工现场，应建立文明施工和安全生产的良好环境，始终保持材料堆放整齐、施工秩序井井有条，为确保工程质量和安全施工创造条件。

3.施工项目质量控制的方法

（1）审核有关技术文件、报告或报表

具体内容：审核有关技术资质证明文件，审核施工组织设计、施工方案和技术措施，审核有关材料、半成品、构配件的质量检验报告，审核有关材料的进场复试报告，审核反映工序质量动态的统计资料或图表，审核设计变更和技术核定书，审核有关质量问题的处理报告，审核有关工序交接检查和分部分项工程质量验收记录等。

（2）现场质量检查

①检查内容：工序交接检查、隐蔽工程检查、停工后复工检查、节假日后上班检查、分部分项工程完工后验收检查、成品保护措施检查等。

②检查方法：检查的方法主要有目测法、实测法、试验法等。

因此，在项目施工的过程中只要严格按照上述施工项目质量控制的原则和质量控制的方法及施工现场的质量检查等，对工程项目的施工质量进行认真的控制，就一定能建造出高质量的建筑产品。

4.监理单位如何在项目施工中控制工程质量

在建筑工程施工阶段，监理对于质量管理是以动态控制为主的，当监理方进入工程施工阶段，其主要工作内容为"三控、三管、一协调"，三控的内容包括质量控制、进度控制、投资控制，其中，以质量控制最为重要。

（1）对工程所需的原材料、半成品的质量进行检查和控制。要求施工单位在人员配备、组织管理、检测程序、方法、手段等各个环节上加强管理，明确对材料的质量要求和技术标准。针对钢筋、水泥等材料多源头、多渠道，对进场的每批钢筋、水泥做到"双控"（既要有质保书、合格证，又要有材料复试报告），未经检验的材料不允许用于工程，质量达不到要求的材料，应及时清退出场。

（2）加强质量意识，实行"三检"。在工程施工前，监理方召开由施工单位技术负责人、质检员及有关各工程队组长参与的质量会议，加强质量管理意识，明确在施工过程中，每道工序必须执行"三检"制，且有公司质监部门专职质检员签字验收。然后经监理人员验收、签字认定，方可进行下道工序的施工。如果施工单位没有进行"三检"或专职质检员签字，监理人员拒绝验收。

（3）严格把好隐蔽工程的签字验收关，发现质量隐患及时向施工单位提出整改。在进行隐蔽工程验收时，首先要求施工单位自检合格，再由公司专职质检员核定等级并签字，填写好验收表单，递交监理。然后由监理工程师组织施工单位项目专业质量（技术）负责人等进行验收。现场检查复核原材料保证资料齐全，合格证、试验报告齐全，各层标高、轴线也要层层检查，严格验收。

5.政府部门对建设工程的质量监督管理

政府监督对于工程质量来说是一种国际惯例。建设工程项目的质量关系到社会公众的利益和公共安全。因此，无论是在发达国家，还是在发展中国家，政府均对工程质量进行监督管理。大多数发达国家政府的建设行政主管部门都把制定并执行住宅、城市、交通、环境建设等建设工程质量管理的法规作为主要任务，同时，把大型项目和政府投资项目作为监督管理的重点。政府对建设工程项目的质量监督，主要侧重于宏观的社会利益，贯穿于建设的全过程，其作用是强制性的，其目的是保证工程项目的建设符合社会公共利益，保证国家有关法规、标准及规范的执行。

建设工程质量监督管理制度具有以下特点：第一，具有权威性。建设工程质量体现的是国家意志，任何单位和个人从事工程建设活动都应服从这种监督管理。第二，具有强制性。这种监督是由国家的强制力来保证实施的，任何单位和个人不服从这种监督管理都将受到法律的制裁。第三，具有综合性。这种监督管理并不局限于某一个阶段或某一个方面，而是贯穿于建设活动的全过程，并适用于建设单位、勘察单位、设计单位、施工单位、监理单位等。

第二节　建设工程施工质量控制

一、施工质量控制

（一）施工质量控制的内涵

1.施工质量控制的基本概念

（1）质量

质量是反映产品、体系或过程的一组固有特性满足要求，质量有广义与狭义之分。广义的质量包括工程实体质量和工作质量。工程实体质量不是靠检查来保证的，而是通过工程质量来保证的。狭义的质量是指产品的质量，即工程实体的质量。

（2）施工质量控制

根据《质量管理体系　基础和术语》（GB/T 19000—2016）质量管理体系的质量术语

定义，施工质量控制是在明确的质量方针的指导下，通过对施工方案和资源配置的计划、实施、检查和处置，进行施工质量目标的事前控制、事中控制和事后控制的系统过程。

施工是形成工程项目实体的过程，也是形成最终产品质量的重要阶段。所以，施工阶段的质量控制是工程项目质量控制的重点。

2.施工项目质量控制的特点

由于项目施工涉及面广，是一个极其复杂的综合过程，再加上项目位置固定、生产流动、结构类型不同、质量要求不同、施工方法不同、体型大、整体性强、建设周期长、受自然条件影响大等特点，因此，施工项目的质量比一般工业产品的质量更难以控制，主要表现在以下两个方面：

（1）影响质量的因素多

设计、材料、机械、地形、地质、水文、气象、施工工艺、操作方法、技术措施、管理制度等，均直接影响施工项目的质量。

（2）容易产生质量变异

因项目施工不像工业产品生产，有固定的自动性和流水线，有规范化的生产工艺和完善的检测技术，有成套的生产设备和稳定的生产环境，有相同系列规格和相同功能的产品；同时，由于影响施工项目质量的偶然性因素和系统性因素都较多，因此，很容易产生质量变异。如：材料性能微小的差异、机械设备正常的磨损、操作微小的变化、环境微小的波动等，均会引起偶然性因素的质量变异：当使用材料的规格、品种有误，施工方法不当，操作不按规程，机械故障，测量仪表失灵，设计计算错误等，均会引起系统性因素的质量变异，造成工程质量事故。因此，在施工中要严防出现系统性因素的质量变异，要把质量变异控制在偶然性因素的范围内。

（3）容易产生第一、第二判断错误

施工项目由于工序交接多，中间产品多，隐蔽工程多，若不及时检查实际情况，事后再看表面，就容易产生第二判断错误，也就是说，容易将不合格的产品，认为是合格的产品；反之，若检查不认真，测量仪表不准，读数有误，则就会产生第一判断错误，也就是说容易将合格的产品，认为是不合格的产品。尤其在进行质量检查验收时，应特别注意。

（4）质量检查不能解体、拆卸

工程项目建成后，不可能像某些工业产品那样，再拆卸或解体检查内在的质量，或重新更换零件，即使发现质量有问题，也不可能像工业产品那样实行"包换"或"退款"。

（5）质量要受投资、进度的制约

施工项目的质量受投资、进度的制约较大。一般情况下，投资大、进度慢，质量就好；反之，质量则差。因此，项目在施工中，还必须正确处理质量、投资、进度三者之间的关系，使其达到对应的统一。

3.施工质量控制的依据

（1）工程合同文件（包括工程承包合同文件、委托监理合同文件等）。

（2）设计文件"按图施工"是施工阶段质量控制的一项重要原则。

（3）国家及政府有关部门颁布的有关质量管理方面的法律、法规性文件。

（4）有关质量检验与控制的专门技术法规性文件，这类专门的技术法规性的依据主要有以下四类：

①工程项目施工质量验收标准。如：《建筑工程施工质量验收统一标准》（GB 50300—2013）及其他行业工程项目的质量验收标准。

②有关工程材料、半成品和构配件质量控制方面的专门技术法规性依据：有关工程材料及其制品质量的技术标准；有关材料或半成品等的取样、试验等方面的技术标准或规程等；有关材料验收、包装、标志及质量证明书的一般规定等。

③控制施工作业活动质量的技术规程。

④凡采用新工艺、新技术、新材料的工程，事先应试验，并应有权威性技术部门的技术鉴定书及有关的质量数据、指标，在此基础上制定有关质量标准和施工工艺规程，以此作为判断与控制质量的依据。

4.施工质量控制的全过程

为了加强对施工项目的质量控制，明确各施工阶段质量控制的重点，可把施工项目质量分为事前质量控制、事中质量控制和事后质量控制三个阶段。

（1）事前质量控制

事前质量控制是指在正式施工前进行的质量控制，其控制重点是做好施工准备工作，且施工准备工作要贯穿于施工全过程。

①施工准备的范围：

a.全场性施工准备，是以整个项目施工现场为对象而进行的各项施工准备。

b.单位工程施工准备，是以一个建筑物或构筑物为对象而进行的施工准备。

c.分项（部）工程施工准备，是以单位工程中的一个分项（部）工程或冬雨期施工为对象而进行的施工准备。

d.项目开工前的施工准备，是在拟建项目正式开工前所进行的一切施工准备。

e.项目开工后的施工准备，是在拟建项目开工后，每个施工阶段正式开工前所进行的施工准备，如：混合结构住宅施工，通常分为基础工程、主体工程和装饰工程等施工阶段，每个阶段的施工内容不同，其所需的物质技术条件、组织要求和现场布置也不同，因此，必须做好相应的施工准备。

②施工准备的内容：

a.技术准备，包括项目扩大初步设计方案的审查；熟悉和审查项目的施工图纸；项目建设地点的自然条件、技术经济条件调查分析；编制项目施工图预算和施工预算；编制项目施工组织设计等。

b.物质准备，包括建筑材料准备、构配件和制品加工准备、施工机具准备、生产工艺设备的准备等。

c.组织准备，包括建立项目组织机构、集结施工队伍、对施工队伍进行入场教育等。

d.施工现场准备，包括控制网、水准点、标桩的测量；"五通一平"，生产、生活临时设施等；组织机具、材料进场；拟订有关试验、试制和技术进步项目计划；编制季节性施工措施；制定施工现场管理制度等。

（2）事中质量控制

事中质量控制是指在施工过程中进行的质量控制。事中质量控制的策略是全面控制施工过程，重点控制工序质量。其具体措施是：工序交接有检查；质量预控有对策；施工项目有方案；技术措施有交底；图纸会审有记录；配制材料有试验；隐蔽工程有验收；计量器具校正有复核；设计变更有手续；钢筋代换有制度；质量处理有复查；成品保护有措施；行使质控有否决（如发现质量异常、隐蔽未经验收、质量问题未处理、擅自变更设计图纸、擅自代换或使用不合格材料、无证上岗未经资质审查的操作人员等，均应对质量予以否决）；质量文件有档案（凡是与质量有关的技术文件，如：水准、坐标位置，测量、放线记录，沉降、变形观测记录，图纸会审记录，材料合格证明、试验报告，施工记录，隐蔽工程记录，设计变更记录，调试、试压运行记录，试车运转记录，竣工图等都要编目建档）。

（3）事后质量控制

事后质量控制是指在完成施工过程中形成产品的质量控制，其具体工作内容包括：

①组织联动试车。

②准备竣工验收资料，组织自检和初步验收。

③按规定的质量评定标准和办法，对完成的分项工程、分部工程、单位工程进行质量评定。

④组织竣工验收，其标准是：

a.按设计文件规定的内容和合同规定的内容完成施工，质量达到国家质量标准，能满足生产和使用的要求。

b.主要生产工艺设备已安装配套，联动负荷试车合格，形成设计生产能力。

c.竣工验收的建筑物要窗明、地净、水通、灯亮、气来、采暖通风设备运转正常。

d.竣工验收的工程应内净外洁，施工中的残余物料运离现场，灰坑填平，临时建（构）筑物拆除，2 m以内地坪整洁。

e.技术档案资料齐全。

（二）施工质量控制的原则

1.坚持质量第一，用户至上

社会主义商品经营的原则是"质量第一，用户至上"。建筑产品作为一种特殊的商品，使用年限较长，是百年大计，直接关系到人民生命财产的安全。所以，工程项目在施工中应自始至终地把"质量第一，用户至上"作为质量控制的基本原则。

2.坚持以人为核心

人是质量的创造者，质量控制必须"以人为核心"，把人作为控制的动力，调动人的积极性、创造性；增强人的责任感，树立"质量第一"观念；提高人的素质，避免人的失误；以人的工作质量保工序质量、促工程质量。

3.坚持以预防为主

"以预防为主"就是要从对质量的事后检查把关，转向对质量的事前控制、事中控制；从对产品质量的检查，转向对工作质量的检查、对工序质量的检查、对中间产品质量的检查，这是确保施工项目质量的有效措施。

4.坚持质量标准、严格检查，一切用数据说话

质量标准是评价产品质量的尺度，数据是质量控制的基础和依据。产品质量是否符合质量标准，必须通过严格检查，用数据说话。

5.贯彻科学、公正、守法的职业规范

建筑施工企业的项目经理，在处理质量问题的过程中，应尊重客观事实、尊重科学，正直、公正，不持偏见；遵纪、守法，杜绝不正之风；既要坚持原则、严格要求、秉公办事，又要谦虚谨慎、实事求是、以理服人、热情帮助。

（三）施工质量控制的措施

1.对影响质量因素的控制

（1）人员的控制

项目质量控制中人的控制，是指对直接参与项目的组织者、指挥者和操作者的有效管理和使用。人，作为控制对象能避免产生失误，作为控制动力能充分调动人的积极性和发挥人的主观能动性。为达到以工作质量保工序质量、促工程质量的目的，除加强纪律教育、职业道德、专业技术知识培训、健全岗位责任制、改善劳动条件、制定公平合理的奖惩制度外，还需要根据项目特点，从确保质量出发，本着人尽其才、扬长避短的原则控制人的使用。

（2）材料及构配件的质量控制

建筑材料品种繁杂，质量及档次相差悬殊，对用于项目实施的主要材料，运到施工

现场时必须具备正式的出厂合格证和材质化验单，如不具备或对检验证明有疑问时，应进行补验。检验所有材料合格证时，均须经监理工程师验证，否则一律不准使用。材料质量检验的方法，是通过一系列的检测手段，将所取得的材料质量数据与材料的质量标准相对照，借以判断材料质量的可靠性，能否使用于工程中，同时，还有利于掌握材料质量信息。一般有书面检验、外观检验、理化检验和无损检验等四种方法。

（3）机械设备控制

制订机械化施工方案，应充分发挥机械的效能，力求获得较好的综合经济效益。从保证项目施工质量角度出发，应着重从机械设备的选型、机型设备的主要性能参数和机械设备的使用操作要求等三个方面予以控制。机械设备的选择，应本着因地制宜、因工程制宜的原则，按照技术上先进、经济上合理、生产上适用、性能上可靠、使用上安全、操作上轻巧和维修上方便的要求，贯彻执行机械化、半机械化与改良工具相结合的方针，突出机械与施工相结合的方针，机械设备正确地进行操作，是保证项目施工质量的重要环节，应贯彻"人机固定"的原则，实行定机、定人、定岗位责任的"三定"制度。操作人员必须执行各项规章制度，遵守操作规程，防止出现安全质量事故。

（4）方案控制

在项目实施方案审批时，必须结合项目实际，从技术、组织、管理、经济等方面进行全面分析、综合考虑，确保方案在技术上可行，在经济上合理，以确保工程质量。

（5）施工环境与施工工序控制

施工工序是形成施工质量的必要因素，为了把工程质量从事后检查转向事前控制，达到"以预防为主"的目的，必须加强对施工工序的质量控制。

2.项目实施阶段的质量

（1）事前质量控制

事前质量控制以预防为主，审查其是否具有能完成工程并确保其质量的技术能力及管理水平，检查工程开工前的准备情况，对工程所需原材料、构配件的质量进行检查与控制，杜绝无产品合格证和抽检不合格的材料在工程中使用，并在抽检、送检原材料时须一方见证取样，清除工程质量事故发生的隐患，联系设计单位和施工单位进行设计交底和图纸会审，并对个别关键和施工较难部位共同协商解决。施工时应采用最佳方案，重审施工单位提交的施工方案和施工组织设计，审核工程中拟采用的新材料、新结构、新工艺、新技术鉴定书，对施工单位提出的图纸疑问或施工困难，热情帮助指导，并提出合理化的建议，积极协助解决。

（2）事中质量控制

事中质量控制坚持以标准为原则，在施工过程中，施工单位是否按照技术交底、施工图纸、技术操作规程和质量标准的要求实施，直接影响到工程产品的质量，是项目工程成败的关键。因此，管理人员要进行现场监督，及时检查，严格把关，强有力地保证工程质量，其中，在土建施工中，模板工程、钢筋工程、混凝土工程、砌体工程、抹灰工程、装饰工程等施工工序质量是项目质量管理与控制的重点。

（3）事后质量控制

事后质量控制是指竣工验收控制，即对于通过施工过程所完成的具有独立的功能和使用价值的最终产品（单位工程或整个工程项目）及有关方面（如质量文档）的质量控制，其目的是确认工程项目实施的结果是否达到预期要求，实现工程项目的移交与清算。其包括对施工质量检验、工程质量评定和质量文件建档。

施工过程要从各个环节、各个方面落实质量责任，确保建设工程质量。作为施工的管理者，要通过科学的手段和现代技术，从基础工作做起，注意施工过程中的细节，加强对建筑施工工程的质量管理和控制。

二、施工质量控制的方法与手段

（一）施工质量控制的方法

现场进行质量检查的方法有目测法、实测法和试验法三种。

1. 目测法

目测法的手段可归纳为看、摸、敲、照四个字。

看，就是根据质量标准进行外观目测。如墙纸裱糊质量要求：纸面无斑痕、空鼓、气泡、褶皱；每一面墙纸的颜色、花纹一致；斜视无胶痕，纹理无压平、起光现象；对缝无离缝、搭缝、张嘴；对缝处图案、花纹完整；裁纸的一边不能对缝，只能搭接；墙纸只能在阴角处搭接，阳角应采用包角等。又如，清水墙面是否洁净，喷涂是否密实和颜色是否均匀，内墙抹灰大面及口角是否平直，地面是否光洁平整，油漆浆活表面观感，施工顺序是否合理，工人操作是否正确等，均是通过目测进行检查、评价。

摸，是手感检查，主要用于装饰工程的某些检查项目，如：水刷石、干黏石黏结牢固程度，油漆的光滑度，浆活是否掉粉，地面有无起砂等，均可通过手摸加以鉴别。

敲，是运用工具进行音感检查。对地面工程、装饰工程中的水磨石、面砖、锦砖和大理石贴面等，均应进行敲击检查，通过声音的虚实确定有无空鼓，还可根据声音的清脆和沉闷判定属于面层空鼓或底层空鼓。此外，用手敲玻璃，如发出颤动音响，一般是底灰不满或压条不实。

照，对于难以看到或光线较暗的部位，则可采用镜子反射或灯光照射的方法进行检查。

2. 实测法

实测法是通过实测数据与施工规范及质量标准所规定的允许偏差对照，来判别质量是否合格。实测检查法的手段，可归纳为靠、吊、量、套四个字。

靠，是用直尺、塞尺检查墙面、地面、屋面的平整度。

吊，是用托线板以线锤吊线检查垂直度。

量，是用测量工具和计量仪表等检查断面尺寸、轴线、标高、湿度、温度等的偏差。

套，是以方尺套方，辅以塞尺检查。如：对阴阳角的方正、踢脚线的垂直度、预制构件的方正等项目的检查。对门窗口及构配件的对角线（窜角）检查，也是套方的特殊手段。

3.试验法

试验法是指必须通过试验手段，才能对质量进行判断的检查方法。如：对桩或地基的静载试验，确定其承载力；对钢结构进行稳定性试验，确定是否会产生失稳现象；对钢筋对焊接头进行拉力试验，检验焊接的质量等。

（二）施工质量控制的手段

施工阶段，监理工程师对工程项目进行质量监控主要是通过审核施工单位所提供的有关文件、报告或报表；现场落实有关文件，并检查确认其执行情况；现场检查和验收施工质量；质量信息的及时反馈等手段实现的。

第一，审核施工单位有关技术文件、报告或报表。这是对工程质量进行全面监督、检查与控制的重要途径。审查的具体文件包括：①审批施工单位提交的有关材料半成品和公平机、构配件质量证明文件（出厂合格证、质量检验或试验报告等）；②审核新材料、新技术、新工艺的现场试验报告及永久设备的技术性能和质量检验报告；③审核施工单位提交的反映工序施工质量的动态统计资料或管理图表，审核施工单位的质量管理体系文件，包括对分包单位质量控制体系和质量控制措施的审查；④审核施工单位提交的有关工序产品质量的证明文件，包括检验记录及试验报告，工序交接检查（自检）、隐蔽工程检查、分部分项工程质量检验报告等文件、资料；⑤审批有关设计变更、修改设计图纸等；⑥审批有关工程质量缺陷或质量事故的处理报告；⑦审核和签署现场有关质量技术签证、文件等。

第二，现场落实有关文件，并检查确认其执行情况。工程项目在施工阶段形成的许多文件需要得到落实，如：多方形成的有关施工处理方案、会议决定，来自质量监督机构的质量监督文件或要求等。施工单位上报的许多文件经监理单位检查确认后，如得不到有效落实，会使工程质量失去控制。因此，监理工程师应认真检查并确认这些文件的执行情况。

第三，现场检查和验收施工质量。

三、施工质量五大要素的控制

影响施工项目质量的因素主要有五大方面，即4M1E，指人（Man）、材料（Material）、机械（Machine）、方法（Method）和环境（Environment）。事前对这五个方面的因素严加控制，是保证施工项目质量的关键。

（一）人的控制

人的因素主要是指领导者的素质，操作人员的理论、技术水平，生理缺陷，粗心大意，违纪违章等。施工时，首先要考虑到对人的因素的控制，因为人是施工过程的主体，工程质量的形成受到所有参加工程项目施工的工程技术干部、操作人员、服务人员共同作用，他们是形成工程质量的主要因素。首先，应提高他们的质量意识。施工人员应当树立五大观念，即质量第一的观念、预控为主的观念、为用户服务的观念、用数据说话的观念以及社会效益、企业效益（质量、成本、工期相结合）和综合效益的观念。其次，是人的素质。领导层、技术人员素质高，决策能力就强，就有较强的质量规划、目标管理、施工组织和技术指导、质量检查的能力；管理制度完善，技术措施得力，工程质量就高。操作人员应有精湛的技术技能、一丝不苟的工作作风，严格执行质量标准和操作规程的法制观念；服务人员应做好技术和生活服务，以出色的工作质量，间接地保证工程质量。提高人的素质，可以依靠质量教育、精神和物质激励的有机结合，也可以靠培训和优选，进行岗位技术练兵。

（二）材料的控制

材料（包括原材料、成品、半成品、构配件）是工程施工的物质条件，材料质量是工程质量的基础，材料质量不符合要求，工程质量也就不可能符合要求。所以，加强材料的质量控制，是提高工程质量的重要保证。影响材料质量的因素主要是材料的成分、物理性能、化学性能等。材料控制的要点有：①优选采购人员，提高他们的政治素质和质量鉴定水平，挑选那些有一定专业知识、忠于事业的人担任该项工作；②掌握材料信息，优选供货厂家；③合理组织材料供应，确保正常施工；④加强材料的检查验收，严把质量关；⑤抓好材料的现场管理，并做到合理使用；⑥搞好材料的试验、检验工作。据资料统计，建筑工程中材料费用占总投资的70%或更多，正因为这样，一些承包商在拿到工程后，为谋取更多利益，不按工程技术规范要求的品种、规格、技术参数等采购相关的成品或半成品，或因采购人员素质低下，对原材料的质量不进行有效控制，放任自流，从中收取回扣和好处费。还有的企业没有完善的管理机制和约束机制，无法杜绝假冒、伪劣产品及原材料进入工程施工中，给工程留下质量隐患。科学技术的高度发展，为材料的检验提供了科学的方法。国家相关部门在有关施工技术规范中对其进行了详细的介绍，实际施工中只要严格执行，就能确保施工所用材料的质量。

（三）机械的控制

机械的控制包括施工机械设备、工具等控制。要根据不同工艺特点和技术要求，选用合适的机械设备；正确使用、管理和保养好机械设备。为此要健全"人机固定"制度、"操作证"制度、岗位责任制度、交接班制度、"技术保养"制度、"安全使用"制度、机械设备检查制度等，确保机械设备处于最佳使用状态。

（四）方法的控制

施工过程中的方法包含整个建设周期内所采取的技术方案、工艺流程、组织措施、检测手段、施工组织设计等。施工方案正确与否，直接影响工程质量控制能否顺利实现。往往由于施工方案考虑不周而拖延进度，影响质量，增加投资。所以，在制订和审核施工方案时，必须结合工程实际，从技术、管理、工艺、组织、操作、经济等方面进行全面分析、综合考虑，力求方案技术可行、经济合理、工艺先进、措施得力、操作方便，这样有利于提高质量、加快进度、降低成本。

（五）环境的控制

影响工程质量的环境因素较多，有工程地质、水文、气象、噪声、通风、振动、照明、污染等。环境因素对工程质量的影响具有复杂而多变的特点，如气象条件就变化万千，温度、湿度、大风、暴雨、酷暑、严寒都直接影响工程质量，往往前一工序就是后一工序的环境，前一分项、分部工程也就是后一分项、分部工程的环境。因此，根据工程特点和具体条件，应对影响质量的环境因素，采取有效的措施严加控制。此外，冬雨期、炎热季节、风季施工时，还应针对工程的特点，尤其是混凝土工程、土方工程、水下工程及高空作业等，拟定季节性保证施工质量的有效措施，以免工程质量受到冻害、干裂、冲刷等的危害。同时，要不断改善施工现场的环境，尽可能减少施工对环境的污染，健全施工现场管理制度，实行文明施工。

通过科技进步和全面质量管理来提高质量控制水平。原国家建设部制定的技术政策中指出："要树立建筑产品观念，各个环节中要重视建筑最终产品的质量和功能的改进，通过技术进步，实现产品和施工工艺的更新换代。"这里阐明了新技术、新工艺和质量的关系。为了工程质量，应重视新技术、新工艺的先进性、适用性。在施工的全过程中，要建立符合技术要求的工艺流程质量标准、操作规程，建立严格的考核制度，不断改进和提高施工技术和工艺水平，确保工程质量。建立严密的质量保证体系和质量责任制，各分部、分项工程均要全面实行到位管理，施工队伍要根据自身情况和工程特点及质量通病，确定质量目标和相关内容。

"百年大计，质量第一"。工程施工项目管理中，要站在企业生存与发展的高度来认识工程质量的重大意义，坚持"以质取胜"的经营战略，科学管理，规范施工，以此推动企业拓宽市场，赢得市场，谋求更大的发展。

第三节　建设工程施工质量验收

一、建设工程施工质量验收的基本规定

1.施工现场质量管理应有相应的施工技术标准、健全的质量管理体系、施工质量检验制度和综合施工质量水平评定考核制度。

施工现场质量管理检查记录应由施工单位填写，总监理工程师进行检查，并做出检查结论。

建设工程施工单位应建立必要的质量责任制度，对建设工程施工的质量管理体系提出较全面的要求，建设工程的质量控制应为全过程的控制。施工单位应推行生产控制和合格控制的全过程质量控制，应有健全的生产控制和合格控制的质量管理体系。这里不仅包括原材料控制、工艺流程控制、施工操作控制、每道工序质量检查、各道相关工序之间的交接检验及专业工种之间等中间交接环节的质量管理和控制要求，还应包括满足施工图设计和功能要求的抽样检验制度等。

施工单位通过内部的审核与管理者的评审，找出质量管理体系中存在的问题和薄弱环节，并制定改进的措施和跟踪检查落实等措施，使单位的质量管理体系不断健全和完善，是该施工单位不断提高建筑工程施工质量的保证。

同时，施工单位还应重视综合质量控制水平，从施工技术、管理制度、工程质量控制和工程质量等方面制定对施工企业综合质量控制水平的指标，以达到提高整体素质和经济效益。

2.未实行监理的建筑工程，建设单位相关人员应履行《建筑工程施工质量验收统一标准》（GB 50300—2013）中涉及的监理职责。

3.建设工程施工质量的控制应符合下列规定：

（1）建设工程采用的主要材料、成品、半成品、建筑构配件、器具和设备应进行现场验收。凡涉及安全、节能、环境保护和主要使用功能的重要材料、产品，应按各专业工程施工规范、验收规范和设计文件等规定进行复验，并经监理工程师检查认可。

（2）各施工工序应按施工技术标准进行质量控制，每道施工工序完成后，经施工单位自检符合规定后，才能进行下道工序施工。各专业工种之间的相关工序应进行交接检

验，并记录。

（3）对于监理单位提出检查要求的重要工序，应经监理工程师检查认可，才能进行下道工序施工。

4.符合下列条件之一时，可按相关专业验收规范的规定适当调整抽样复验、试验数量，调整后的抽样复验、试验方案应由施工单位编制，并报监理单位审核确认。

（1）同一项目中由相同施工单位施工的多个单位工程，使用同一生产厂家的同品种、同规格、同批次的材料、构配件、设备。

（2）同一施工单位在现场加工的成品、半成品、构配件用于同一项目中的多个单位工程。

（3）在同一项目中，针对同一抽样对象已有检验成果可以重复利用。

5.当专业验收规范对工程中的验收项目未做出相应规定时，应由建设单位组织监理、设计、施工等相关单位制定专项验收要求。涉及安全、节能、环境保护等项目的专项验收要求应由建设单位组织专家论证。

6.检验批的质量检验，应根据检验项目的特点在下列抽样方案中进行选择：

（1）计量、计数的抽样方案。

（2）一次、二次或多次抽样方案。

（3）根据生产连续性和生产控制稳定性情况，尚可采用调整型抽样方案。

（4）对重要的检验项目，当采用简易、快速的检验方法时，可选用全数检验方案。

（5）经实践检验有效的抽样方案。

7.检验批抽样样本应随机抽取，满足分布均匀、具有代表性的要求，抽样数量不应低于有关专业验收规范及表4-1的规定。

表4-1　检验批最小抽样数量

检验批的容量	最小抽样数量	检验批的容量	最小抽样数量
2～15	2	151～280	13
16～25	3	281～500	20
26～50	5	501～1200	32
51～90	6	1201～3200	50
91～150	8	3201～10 000	80

明显不合格的个体可不纳入检验批，但必须进行处理，使其满足有关专业验收规范的规定，对处理的情况应予以记录并重新验收。

8.计量抽样的错判概率 α 和漏判概率 β 可按下列规定采取。

（1）主控项目：对应于合格质量水平的 α 和 β 均不宜超过5%。

（2）一般项目：对应于合格质量水平的 α 不宜超过5%，β 不宜超过10%。

抽样检验必然存在这两类风险，通过抽样检验的方法使检验批100%合格是不合理的也是不可能的，在抽样检验中，两类风险的控制范围分别是：供方风险 α =1% ~ 5%，使用方风险 β =5% ~ 10%。

二、建筑工程施工质量验收的划分

（一）施工质量验收层次划分的目的

工程施工质量验收涉及工程施工过程质量验收和竣工质量验收，是工程施工质量控制的重要环节。根据工程特点，按项目层次分解的原则合理划分工程施工质量验收层次，将有利于对工程施工质量进行过程控制和阶段质量验收，特别是不同专业工程的验收批的确定，将直接影响到工程施工质量验收工作的科学性、经济性、实用性和可操作性。因此，对施工质量验收层次进行合理划分非常必要，这有利于工程施工质量的过程控制和最终把关，确保工程质量符合有关标准。

（二）施工质量验收划分的层次

随着我国经济发展和施工技术的进步，工程建设规模不断扩大，技术复杂程度越来越高，出现了大量工程规模较大的单体工程和具有综合使用功能的综合性建筑物。由于大型单体工程可能在功能或结构上由若干个单体组成，且整个建设周期较长，可能出现已建成可使用的部分单体须先投入使用，或先将工程中一部分提前建成使用等情况，需要进行分段验收。再加上对规模特别大的工程进行一次验收也不方便，因此标准规定，可将此类工程划分为若干个子单位工程进行验收。同时，为了更加科学地评价工程施工质量和有利于对其进行验收，根据工程特点，按结构分解的原则将单位或子单位工程又划分为若干个分部工程。在分部工程中，按相近工作内容和系统又划分为若干个子分部工程。每个分部工程或子分部工程又可划分为若干个分项工程。每个分项工程又可划分为若干个检验批。检验批是工程施工质量验收的最小单位。

（三）单位工程

根据《建筑工程施工质量验收统一标准》（GB 50300—2013）的规定，单位工程应按下列原则划分：

1.具备独立施工条件并能形成独立使用功能的建筑物及构筑物为一个单位工程。如：一个学校中的一栋教学楼，某城市的广播电视塔等。

2.规模较大的单位工程，可将其能形成独立使用功能的部分划分为一个子单位工程。子单位工程的划分一般可根据工程的建筑设计分区、使用功能的显著差异、结构缝的设置等实际情况，在施工前由建设、监理、施工单位自行商定，并据此收集整理施工技术资料和验收。

3.室外工程可根据专业类别和工程规模划分单位（子单位）工程。室外工程的单位工程、子单位工程、分部工程可按表4-2划分。

表4-2　室外工程划分

单位工程	子单位工程	分部（子分部）工程
室外设施	道路	路基、基层、面层、广场与停车场、人行道、人形地道、挡土墙、附属构筑物
	边坡	土石方、挡土墙、支护
附属建筑及室外环境	附属建筑	车棚、围墙、大门、挡土墙
	室外环境	建筑小品、亭台、水景、连廊、花坛、场坪绿化、景观桥
室外安装	给水排水	室外给水系统、室外排水系统
	供热	室外供热系统
	供冷	供冷管道安装
	电气	室外供电系统、室外照明系统

（四）分部工程

根据《建筑工程施工质量验收统一标准》（GB 50300—2013）的规定，分部工程应按下列原则划分：

1.分部工程的划分应按专业性质、建筑部位确定。

一般工业与民用建筑工程的分部工程包括：地基与基础、主体结构、建筑装饰装修、建筑屋面、建筑给水排水及采暖、建筑电、智能建筑、通风与空调、电梯、建筑节能等10个分部工程。

公路工程的分部工程包括路基土石方工程、小桥涵工程、大型挡土墙、路面工程、桥梁基础及下部构造、桥梁上部构造预制和安装等。

2.当分部工程较大或较复杂时，可按材料种类、施工特点、施工程序、专业系统及类别等划分为若干分部工程。如：建筑装饰装修分部工程可分为地面、门窗、吊顶工程；建筑电气工程可划分为室外电气、电气照明安装、电气动力等子分部工程。

（五）分项工程

根据《建筑工程施工质量验收统一标准》（GB 50300—2013）的规定，分项工程可按主要工种、材料、施工工艺、设备类别等进行划分。如：钢筋混凝土结构工程中按主要工种钢筋工程、模板工程和混凝土工程等分项工程，按施工工艺分为现浇结构、预应力、装配式结构等分项工程。

（六）检验批

根据《建筑工程施工质量验收统一标准》（GB 50300—2013）的规定，检验批可根据施工、质量控制和专业验收的需要，按工程量、楼层、施工段、变形缝等进行划分。

施工前，应由施工单位制订分项工程和检验批的划分方案，并有监理单位审核。对于相关专业验收规范未涵盖的分项工程和检验批，可由建设单位组织监理、施工等单位协商确定。

多层和高层建筑的分项工程可按楼层或施工段来划分检验批，单层建筑的分项工程可按变形缝等划分检验批；地基基础的分项工程一般划分为一个检验批，有地下层的基础工程可按不同地下层划分检验批；屋面工程的分项工程可按不同楼层屋面划分为不同的检验批；安装工程一般按一个设计系统或设备组别划分为一个检验批；室外工程一般划分为一个检验批；散水、台阶、明沟等含在地面检验批中；地基基础中的土方工程、基坑支护工程及混凝土结构工程中的模板工程，虽不构成建筑工程实体，但因其是建筑工程施工中不可缺少的重要环节和必要条件，是对质量形成过程的控制，其质量关系到建筑工程的质量和施工安全，因此将其列入施工验收的内容。

三、建设工程施工质量验收

（一）检验批

1.检验批验收合格规定

（1）主控项目的质量经抽样检验均应合格。

（2）一般项目的质量经抽样检验合格。

（3）具有完整的施工操作依据、质量验收记录。

2.检验批质量验收要求

（1）检验批验收，标准应明确

各专业施工质量验收规范中对各检验批中的主控项目和一般项目的验收标准都有具体的规定，但对有一些不明确的还须进一步查证，例如，规范中提出符合设计要求的仅土建部分就约有300处，这些要求应在施工图纸中去找，施工图中无规定的，应在开工前图纸会审时提出，要求设计单位书面答复并加以补充，供日后验收作为依据。另外，验收规范中提出按施工组织设计执行的条文就约有30处，因此，施工单位应按规范要求的内容编制施工组织设计，并报送监理审查签认，作为日后验收的依据。

（2）检验批验收，施工单位自检合格是前提

《建筑工程施工质量验收统一标准》（GB 50300—2013）的强制条文规定：工程质量的验收均应在施工单位自行检查评定的基础上进行。《中华人民共和国建筑法》第58条规定：建筑施工企业对工程的施工质量负责。建筑工程验收中，经常发现施工单位自检表数字与实际的工程中存在较大的差距，这都是施工单位不严格自检造成。有些工程施工单位将"自控"与"监理"验收合二为一，这都是不正确的，这实际是对工程质量的极端不负责任。国家有关法律规定："施工单位违反工程建设强制性标准的，责令改正，处工程合同价款2%以上4%以下的罚款。造成的损失，情节严重的，责令停业整顿，降低资质等级或吊销资质证书。"

（3）检验批验收、报验是手续

《建设工程质量管理条例》中规定，未经监理工程师签字，建筑材料建筑构配件和设备不得在工程上使用或安装，施工单位不得进行下一道工序的施工。未经总监工程师签字，建设单位不拨付工程款，不进行竣工验收。《建设工程监理规范》（GB 50319—2013）规定，实行监理的工程，施工单位对工程质量检查验收实行报验制，并规定了报验表的格式。

通过报验，监理工程师可全面地了解施工单位的施工记录、质量管理体系等一系列问题，便于发现问题，更好地控制检验批的质量，报验时施工单位要重视质量管理，对工程质量郑重其事，是质量管理中的必然程序。

（4）检验批验收，内容要全面，资料应完备

检验批验收，一定要仔细、慎重，对照规范、验收标准、设计图纸等一系列文件，应进行全面、细致的检查，对主控项目、一般项目中所有要求核查施工过程中的施工记录，隐蔽工程检查记录，材料、构配件、设备复验记录等，通过检验批验收，消除发现的不合格项，避免遗留质量隐患。

检验批质量验收资料应包括如下资料：

①检验批质量报验表。

②检验批质量验收记录表。

③隐蔽工程验收记录表。

④施工记录。

⑤材料、构配件、设备出厂合格证及进场复验单。

⑥验收结论及处理意见。

⑦检验批验收，不合格项要有处理记录，监理工程师签署验收意见。

（5）检验批验收，验收人员即主体要合格

检验批验收的记录，应由施工项目的专业质量检查员填写，监理工程师、施工方为

专业质量检查员，只有他们才有权在检验批质量验收记录上签字。具有国家或省部级颁发监理工程师岗位证书的监理工程师，才算是合法的验收签字人。施工单位的专业质量检查员，应是专职管理人员，是经总监理工程师确认的质量保证体系中的固定人员，并应持证上岗。

3.检验批质量验收记录

检验批质量验收记录应由施工项目专业质量检查员填写，专业监理工程师组织项目专业质量检查员、专业工长等进行验收。

（二）分项工程

分项工程由一个或若干个检验批组成，分项工程的验收是在所包含检验批全部合格的基础上进行的。

1.分项工程验收合格规定

（1）所含检验批的质量均应验收合格。

（2）所含检验批的质量验收记录应完整。

分项工程的验收在检验批的基础上进行。一般情况下，两者具有相同或相近的性质，只是批量的大小不同而已。因此，将有关的检验批汇集构成分项工程。分项工程合格质量的条件比较简单，只要构成分项工程的各检验批的验收资料文件完整，并且均已验收合格，则分项工程验收合格。

2.分项工程质量验收要求

分项工程质量的验收是在检验批验收的基础上进行的，是一个统计过程，有时也有一些直接的验收内容，所以，在验收分项工程时应注意：

（1）核对检验批的部位、区段是否全部覆盖分项工程的范围，是否有缺漏的部位没有验收到。

（2）一些在检验批中无法检验的项目，在分项工程中直接验收，如：砖砌体工程中的全高垂直度、砂浆强度的评定等。

（3）检验批验收记录的内容及签字人是否正确、齐全。

3.分项工程质量验收记录

分项工程质量应由专业监理工程师组织施工单位项目专业技术负责人等进行验收。

（三）分部（子分部）工程

1.分部（子分部）工程质量验收合格规定

（1）所含分项工程的质量均应验收合格。

（2）质量控制资料应完整。

（3）有关安全、节能、环境保护和主要使用功能的抽样检验结果应符合相应规定。

（4）观感质量应符合要求。

2.分部（子分部）工程质量验收要求

首先，分部工程所含各分项工程必须已验收合格且相应的质量控制资料齐全、完整，这是验收的基本条件。此外，由于各分项工程的性质不尽相同，因此，作为分部工程不能简单地组合而加以验收，尚须进行以下两个方面的检查项目：

（1）涉及安全、节能、环境保护和主要使用功能等的抽样检验结果应符合相应规定，即涉及安全、节能、环境保护和主要使用功能的地基与基础、主体结构和设备安装等分部工程应进行有关见证检验或抽样检验。如：建筑物垂直度、标高、全高测量记录，建筑物沉降观测测量记录，给水管道通水试验记录，暖气管道、散热器压力试验记录，照明全负荷试验记录等。总监理工程师应组织相关人员，检查各专业验收规范中规定检测的项目是否都进行了检测；查阅各项检测报告，核查有关检测方法、内容、程序、检测结果等是否符合有关标准规定；核查有关检测单位的资质，见证取样与送样人员资格，检测报告出具单位负责人的签署情况是否符合要求。

（2）观感质量验收，这类检查往往难以定量，只能以观察、触摸或简单量测的方式进行观感质量验收，并由验收人的主观判断，检查结果并不给出"合格"或"不合格"的结论，而是综合给出"好""一般""差"的质量评价结果。所谓"好"，是指在质量符合验收规范的基础上，能到达精致、流畅的要求，细部处理到位、精度控制好；所谓"一般"，是指观感质量检验能符合验收规范的要求；所谓"差"，是指勉强达到验收规范要求或有明显的缺陷，但不影响安全或使用功能的。评为"差"的项目能进行返修的应进行返修，不能返修的只要不影响结构安全和使用功能的可通过验收。有影响安全和使用功能的项目，不能评价，应返修后再进行评价。

3.分部（子分部）工程质量验收记录

分部（子分部）工程完工后，由施工单位填写分部工程报验表，由总监理工程师组织施工单位项目负责人和有关的勘察、设计单位项目负责人等进行质量验收。

（四）单位（子单位）工程质量验收合格的规定

1.所含分部（子分部）工程的质量均应验收合格。施工单位应在验收前做好准备，将所有分部工程的质量验收记录表及相关资料，及时进行收集整理，在核查和整理过程中，应注意：

（1）核查各分部工程中所含的子分部工程是否齐全。

（2）核查各分部工程质量验收记录表及相关资料的质量评价是否完善。

（3）核查各分部工程质量验收记录表及相关资料的验收人员是否是规定的有相应资

质的技术人员，并进行评价和签认。

2.质量控制资料应完整。虽然质量控制资料在分部（子分部）工程质量验收时就已检查过，但某些资料由于受试验龄期的影响或受系统测试的需要等，难以在分部工程验收时到位，因此，在单位（子单位）工程质量验收时，应全面核查所有分部工程质量控制资料，确保所收集到的资料能充分反映工程所采用的建筑材料、构配件和设备的质量技术性能，施工质量控制和技术管理状况，保证结构安全和使用功能的施工试验和抽样检测结果，以及工程参建各方质量验收的原始依据、客观记录、真实数据和见证取样等资料的准确性，确保工程结构安全和使用功能，满足设计要求。

3.所含分部工程中有关安全、节能、环境保护和主要使用功能等的检验资料应完整。

4.主要使用功能的抽查结果应符合相关专业质量验收规范的规定。有的主要使用功能抽查项目在相应分部（子分部）工程完成后即可进行，有的则需要等单位工程全部完成后才能进行检测。这些检测项目应在单位工程完工，施工单位向建设单位提交工程竣工验收报告之前，全部进行完毕，并将检测报告写好。至于在竣工验收时抽查什么项目，应在检查资料文件的基础上由参加验收的各方人员商定，并用计量、计数的方法抽样检验，检验结果应符合有关专业验收规范的要求。

使用功能的检查是对建筑工程和设备安装工程最终质量的综合检验，也是用户最为关心的内容，体现了过程控制的原则，也将减少工程投入使用后的质量投诉和纠纷。

5.观感质量应符合要求。观感质量验收不仅仅是对工程外表质量进行检查，同时也是对部分使用功能和使用安全所做的一次全面检查。如：门窗启闭是否灵活、关闭后是否严密；又如：室内顶棚抹灰层的空鼓、楼梯踏步高差过大等。观感质量验收须由参加验收的各方人员共同进行，最后共同协商确定是否通过验收。

第五章 建设工程施工过程质量控制

跟随国家经济的发展脚步，建设工程有着良好的运转状态，建设工程对于经济建设来说产生着直接推动作用，所以建设工程在施工当中质量问题变得十分关键。建设工程施工质量提高需要技术、管理等多方面的支持，在施工过程之中必须严格按照具体标准要求执行工作，保证工程质量的前提之下，更好地带领建设工程建设稳定发展。

第一节 建设工程施工准备阶段质量控制

一、技术准备质量控制

（一）施工图的审核质量控制

施工图是建筑物、设备、管线等工程对象的尺寸、布置、选用材料、构造、相互关系、施工及安装质量要求的详细图样和说明，是指导施工的直接依据，也是设计阶段质量控制的一个重点内容。因此，监理单位应重视对施工图的审核。施工图的审核主要由项目总监理工程师负责组织，各专业监理工程师进行具体工作，必要时应组织专家会审或邀请有关专业专家参加。各专业监理工程师应当审查设计单位提交的设计图和设计文件内容是否准确完整、符合编制深度的要求，特别是使用功能及质量要求是否满足设计文件和合同中关于质量目标的具体描述，并应提出书面的监理审核验收意见，如果不能满足要求，应监督设计单位予以修改后再进行审核验收。

1.监理工程师进行施工图审核的主要原则

（1）是否符合有关部门对初步设计的审批要求。

（2）是否对初步设计进行了全面、合理的优化。

（3）安全可靠性、经济合理性是否有保证，是否符合工程总造价的要求。

（4）设计深度是否符合设计阶段的要求；是否满足使用功能和施工的要求。

2.监理工程师进行施工图审核的主要内容

按上述原则，监理工程师对施工图应主要审核以下内容：

（1）图样的规范性。

（2）建筑造型与立面设计。

（3）平面设计。

（4）空间设计。

（5）装修设计。

（6）结构设计。

（7）工艺流程设计。

（8）设备设计。

（9）水、电、自动控制等设计。

（10）城市规划、环境、消防、卫生等要求满足情况；各专业设计的协调一致情况。

（11）施工可行性；注意过分设计、不足设计两种极端情况。

（二）作业技术交底的控制

承包单位做好技术交底是取得好的施工质量的条件之一。为此，每一分项工程开始实施前均要进行交底。作业技术交底是施工组织设计或施工方案的具体化，是更细致、明确、具体的技术实施方案，是工序施工或分项工程施工的具体指导文件。为做好技术交底，项目经理部必须由主管技术人员编制技术交底书，并经项目技术负责人批准，技术交底的内容包括施工方法、质量要求和验收标准，施工过程中须注意的问题，可能出现意外的措施及应急方案。技术交底要紧紧围绕与具体施工有关的操作者、机械设备、使用的材料、构配件、工艺、施工环境、具体管理措施等方面进行，交底书中要明确做什么、谁来做、如何做、作业标准和要求、什么时间完成等。

在关键部位、技术难度大、施工复杂的检验批和分项工程施工前，承包单位的技术交底书（作业指导书）要报监理工程师。经监理工程师审查后，如技术交底书不能保证作业活动的质量要求，承包单位要进行修改、补充。没有做好技术交底的工序或分项工程，不得进入正式实施阶段。

（三）质量计划与施工组织设计的审查

1.质量计划与施工组织设计

质量计划是质量策划结果的一项管理文件。对工程建设而言，质量计划是为完成预定的质量控制目标，针对特定的工程项目编制专门规定的质量措施、资源和活动顺序的文件。其作用是，对外作为针对特定工程项目的质量保证，对内作为针对特定工程项目质量管理的依据。

质量计划应包括：编制依据，项目概况，质量目标，组织机构，质量控制及管理组织协调的系统描述，必要的质量控制手段、检验和试验程序等，确定关键过程和特殊过程及作业的指导书，与施工过程相适应的检验、试验、测量、验证要求，更改和完善质量计划的程序等。

在工程项目中，承包单位要提交施工计划及质量计划。施工计划是承包单位进行施工的依据，包括施工方法、工序流程、进度安排、施工管理及安全对策、环保对策等。在我国现行的施工管理中，施工承包单位要针对每一个特定的工程项目进行施工组织设计，以此作为施工准备和施工全过程的指导性文件。为确保工程质量，承包单位在施工组织设计中加入了质量目标、质量管理及质量保证措施等质量计划的内容。

质量计划与现行施工管理中的施工组织设计有相同的地方，又存在着差别，具体内容见表5-1。

表5-1 质量计划与现行施工管理中的施工组织设计的差别

差别	主要内容
形式相同	二者均为文件形式
对象相同	质量计划和施工组织设计都是针对某一特定工程项目提出的
编制的原理不同	质量计划的编制是以质量管理标准为基础的，从质量职能上对影响工程质量的各环节进行控制；而施工组织设计则是从施工部署的角度，着重于技术质量形成规律来编制全面施工管理的计划文件。
作用既相同又存在区别	投标时，投标单位向建设单位提供的施工组织设计与质量计划的作用是相同的，都是对建设单位做出工程项目质量管理的承诺；施工期间，承包单位编制的详细的施工组织设计仅供内部使用，用于具体指导工程项目的施工而质量计划的主要作用是向建设单位做出保证。

2.施工组织设计的审查程序

施工组织设计包含了质量计划的主要内容，因此，监理工程师对施工组织设计的审查也同时包括了对质量计划的审查。

（1）在工程项目开工前约定的时间内，承包单位必须完成施工组织设计的编制及内部自审批准工作，填写《施工组织设计（方案）报审表》报送项目监理机构。

（2）总监理工程师在约定的时间内，组织专业监理工程师审查并提出意见，然后由总监理工程师审核签认。需要承包单位修改时，由总监理工程师签发书面意见，退回承包单位修改后再报审，总监理工程师重新审查。

（3）已审定的施工组织设计由项目监理机构报送建设单位。

（4）承包单位应按审定的施工组织设计文件组织施工，如须对其内容做较大的变更，应在实施前将变更内容书面报送项目监理机构审核。

（5）规模大、结构复杂或属于新结构、特种结构的工程，项目监理机构对施工组织设计审查后，还应报送监理单位技术负责人审查，提出审查意见后由总监理工程师签发，必要时与建设单位协商，组织有关专业部门和有关专家会审。

（6）规模大、工艺复杂的工程、群体工程或分期出图的工程，经建设单位批准可分阶段报审施工组织设计；技术复杂或采用新技术的分项、分部工程，承包单位还应编制该分项、分部工程的施工方案，报项目监理机构审查。

3.审查施工组织设计时应掌握的原则

（1）施工组织设计的编制、审查和批准应符合规定的程序。

（2）施工组织设计应符合国家的技术政策，充分考虑承包合同规定的条件、施工现场条件及法律、法规、规范等的要求，突出"质量第一、安全第一"的原则。

（3）施工组织设计的针对性：承包单位是否了解并掌握了本工程的特点及难点，施工条件是否分析充分。

（4）施工组织设计的可操作性：承包单位是否有能力执行并保证工期和质量目标，该施工组织设计是否切实可行。

（5）技术方案的先进性：施工组织设计采用的技术方案和措施是否先进适用，技术是否成熟。

（6）质量管理和技术管理体系、质量保证措施是否健全且切实可行；安全、环保、消防和文明施工措施是否切实可行并符合有关规定；在满足合同和法规等要求的前提下，对施工组织设计的审查，应尊重承包单位的自主技术决策和管理决策。

二、组织准备质量控制

（一）施工承包单位资质的核查

1.施工承包单位资质的分类

国务院建设行政主管部门为了维护建筑市场的正常秩序，加强管理，保障承包单位的合法权益和保证工程质量，制定了建筑业企业资质等级标准。承包单位必须在规定的范围内进行经营活动，不得超范围经营。建设行政主管部门对承包单位的资质实行动态管理，建立相应的考核、资质升降及审查规定。

施工承包企业按照其承包工程的能力，划分为施工总承包、专业承包和劳务分包三个序列（见表5-2）。这三个序列按照工程性质和技术特点分别划分为若干资质类别，各资质类别按照规定的条件划分为若干等级。

表5-2　施工承包企业按照其承包工程的能力分类

类别	主要内容
施工总承包企业	获得施工总承包资质的企业，可以对工程实行施工总承包或者对主体工程实行施工承包，施工总承包企业可以将承包的工程全部自行施工，也可以将非主体工程或者劳务作业分包给具有相应专业承包资质或者劳务分包资质的其他建筑业企业；施工总承包企业的资质按专业类别共分为12个资质类别，每一个资质类别又分成特级、一级、二级、三级。
专业承包企业	获得专业承包资质的企业，可以承接施工总承包企业分包的专业工程或者建设单位按照规定发包的专业工程。专业承包企业可以对所承接的工程全部自行施工，也可以将劳务作业分包给具有相应劳务分包资质的劳务分包；企业专业承包企业资质按专业类别共分为60个资质类别，每一个资质类别又分为一级、二级、三级。
劳务分包企业	获得劳务分包资质的企业，可以承接施工总承包企业或者专业承包企业分包的劳务作业。劳务分包企业有13个资质类别，如：木工作业、砌筑作业、钢筋作业、架线作业等；有的资质类别分成若干级，有的则不分级，如：木工、砌筑、钢筋作业劳务分包企业资质分为一级、二级，油漆、架线等作业劳务分包企业则不分级。

2.监理工程师对施工承包单位资质的审核

（1）招投标阶段对承包单位资质的审查

①根据工程的类型、规模和特点，确定参与投标企业的资质等级，并取得招投标管理部门的认可。

②对符合参与投标规定的承包企业的考核。

a.核对《营业执照》及《建筑业企业资质证书》，并了解其实际的建设业绩、人员素质、管理水平、资金情况、技术装备等。

b.考核承包企业近期的表现，查对年检情况、资质升降级情况，了解其是否存在工程质量、施工安全、现场管理等方面的问题，了解企业管理的发展趋势、质量是否有上升趋势，选择向上发展的企业。

c.查对近期承建的工程，实地参观考核工程质量情况及现场管理水平。在全面了解的基础上，重点考核与拟建工程类型、规模和特点相似或接近的工程。优先选取打造名牌优质工程的企业。

（2）对中标进场从事项目施工的承包企业质量管理体系的核查

①了解企业的质量意识、质量管理情况，重点了解企业质量管理的基础工作、工程项目管理和质量控制的情况。

②了解企业领导班子的质量意识及质量管理机构落实、质量管理权限实施的情况等。

③审查承包单位现场项目经理部的质量管理体系。

承包单位健全的质量管理体系，对于取得良好的施工效果具有重要作用，因此，监理工程师做好承包单位质量管理体系的审查工作，是搞好监理工作的重要环节，也是取得好的工程质量的重要条件。

a.承包单位向监理工程师报送项目经理部的质量管理体系的有关资料，包括组织机构、各项制度、管理人员、专职质检员、特种作业人员的资格证、上岗证、实验室等。

b.监理工程师对报送的相关资料进行审核，并进行实地检查。

c.经审核，承包单位的质量管理体系满足工程质量管理的需要，总监理工程师予以确认；对于不合格的人员，总监理工程师有权要求承包单位予以撤换，对于不健全、不完善之处要求承包单位尽快整改。

（二）施工现场劳动组织及作业人员上岗资格的控制

1.施工现场劳动组织的控制

劳动组织涉及从事作业活动的操作者及管理者，以及相应的各种制度。

（1）操作人员充足：从事作业活动的操作者数量必须满足作业活动的需要，相应工种配置能保证作业有序、持续进行，不能因人员数量及工种配置不合理而造成停顿。

（2）管理人员到位：作业活动的直接负责人（包括技术负责人），专职质检人员，安全员，与作业活动有关的测量人员、材料员、试验员必须在岗。

（3）相关制度要健全：如管理层及作业层各类人员的岗位职责；作业活动现场的安全、消防规定；作业活动中环保规定；实验室及现场试验检测的有关规定；紧急情况的应急处理规定等。同时，要有相应措施及手段以保证制度、规定的落实和执行。

2.作业人员上岗资格的控制

从事特种作业的人员（如：电焊工、电工、起重工、架子工、爆破工等），必须持证上岗。对此监理工程师要进行检查与核实。

（三）环境状态的控制

1.施工作业环境的控制

施工作业环境主要是指水、电或动力供应、施工照明、安全防护设备、施工场地空间条件和通道及交通运输和道路条件等。这些条件是否良好，直接影响到施工能否顺利进行，以及施工质量。例如，施工照明不良，会给要求精密度高的施工操作造成困难，施工质量不易保证；交通运输道路不畅，干扰、延误多，可能造成运输时间加长，运送的混凝土中拌和料的质量发生变化（如：水灰比、坍落度变化）；路面条件差，可能加重所运混凝土拌和料的离析、水泥浆的流失等。此外，当同一个施工现场有多个承包单位或多个工种同时施工或平行、立体交叉作业时，更应注意避免它们在空间上的相互干扰，影响效率、质量及安全。

所以，监理工程师应事先检查承包单位对施工作业环境条件方面的有关准备工作是否已安排和准备妥当；当确认其准备可靠、有效后，方准许其进行施工。

2.施工质量管理环境的控制

对施工质量管理环境的检查有如下方面：施工承包单位的质量管理体系和质量控制自检系统是否处于良好的状态；系统的组织结构、管理制度、检测制度、检测标准、人员配备等方面是否完善和明确；质量责任制是否落实。监理工程师做好承包单位施工质量管理环境的检查，并督促其落实，是保证作业效果的重要前提。

3.现场自然环境的控制

监理工程师应检查对于未来的施工期间，当自然环境条件可能出现对施工作业质量的不利影响时，施工承包单位是否事先已有充分的认识并已做好充足的准备、采取了有效措施与对策以保证工程质量。例如，对严寒季节的防冻；夏季的防高温；高地下水位情况下基坑施工的排水或细砂地基防止流沙；施工场地的防洪与排水；风浪对水上打桩或沉箱施工质量影响的防范等。又如，深基础施工中主体建筑物完成后是否可能出现不正常的沉降，影响建筑的综合质量；以及现场因素对工程施工质量与安全的影响（例如，邻近有易爆、有毒气体等危险源；或邻近高层、超高层建筑，深基础施工质量及安全保证难度大等），有无应对方案及有针对性的保证质量和安全的措施等。

三、物资准备质量控制

（一）进场材料构配件的质量控制

1.凡运到施工现场的原材料、半成品或构配件，进场前应向项目监理机构提交《工程材料/构配件/设备报审表》，同时附有产品出厂合格证及技术说明书，由施工承包单位按规定要求进行检验的检验报告或试验报告，经监理工程师审查并确认其质量合格后，方准进场。凡是没有产品出厂合格证明及检验不合格者，不得进场；如果监理工程师认为承包单位提交的有关产品合格证明的文件以及施工承包单位提交的检验报告或试验报告，仍不足以说明到场产品的质量符合要求时，监理工程师可以再行组织复检或见证取样试验，确认其质量合格后方允许进场。

2.进口材料的检查、验收，应会同国家商检部门进行。如在检验中发现质量问题或数量不符合规定要求时，应取得供货方及商检人员签署的商务记录，在规定的索赔期内进行索赔。

3.材料构配件存放条件的控制。质量合格的材料、构配件进场后，到其使用或安装时通常都要经过一定的时间间隔。在此时间内，如果对材料等的存放、保管不良，可能导致质量状况的恶化，如：损伤、变质、损坏，甚至不能使用。因此，监理工程师对承包单位的材料、半成品、构配件的存放、保管条件及时间也应实行监控。

对于材料、半成品、构配件等，应当根据它们的特点、特性及对防潮、防晒、防锈、防腐蚀、通风、隔热和温度、湿度等方面的不同要求，安排适宜的存放条件，以保证其存放质量。例如，水泥的存放应当防止受潮，存放时间一般不宜超过3个月，以免受潮结块；硝铵炸药的湿度达3%以上时即易结块、拒爆，存放时应妥善防潮；胶质炸药（硝化甘油）冰点温度高（+13℃），冻结后极为敏感、易爆，存放温度应予以控制；某些化学原材料应当避光、防晒；某些金属材料及器材应防锈蚀等。

如果存放、保管条件不良，监理工程师有权要求施工承包单位加以改善并达到要求。对于按要求存放的材料，监理工程师在存入后每隔一定时间（例如一个月）可检查一次，随时掌握它们存放的质量情况。此外，材料、器材在使用前，也应经监理工程师对其质量再次检查确认后，方可允许使用；经检查质量不符合要求者（例如，水泥存放时间超过规定期限或受潮结块、强度等级降低），则不准使用，或降低等级使用。

4.对于某些当地的材料及在现场配制的制品，一般要求承包单位事先进行试验，达到要求的标准方准施工。除应达到规定的力学强度等指标外，还应注意以下方面的检验与控制：

（1）材料的化学成分：例如，使用开采、加工的天然卵石或碎石作为混凝土粗骨料时，其内在的化学成分至关重要，因为如果其中含有无定形氧化硅（如：蛋白石、白云石、燧石等），且水泥中的含碱（Na_2O、K_2O）量也较高（>0.6%）时，则混凝土中将发生化学反应生成碱–硅酸凝胶（碱–骨料反应），并吸水膨胀，导致混凝土开裂。

（2）充分考虑施工现场的加工条件与设计、试验条件不同而可能导致的材料或半成品质量差异。例如，某工程混凝土所用的沙是由当地的河沙，经过现场加工清洗后使用，按原设计的混凝土配合比进行混凝土试配，其单位体积重量指标值达不到设计要求的标准。究其原因，是现场清洗加工工艺条件使加工后的砂料组成发生了较大变化，其中细砂部分流失量较大，这与设计阶段进行室内配合比试验时所用的砂组分有较大的差异，因而导致混凝土密度指标值达不到原设计要求。这样，就需要先找出原因，设法妥善解决（例如，调整配合比、改进加工工艺等），并经监理工程师认可后方可允许进行施工。

（二）进场施工机械设备性能及工作状态的控制

1.施工机械设备的进场检查

机械设备进场前，承包单位应向项目监理机构报送进场设备清单，列出进场机械设备的型号、规格、数量、技术性能（技术参数）、设备状况、进场时间；机械设备进场后，根据承包单位报送的清单，监理工程师进行现场核对；是否与施工组织设计中所列的内容相符。

2.机械设备工作状态的检查

监理工程师应审查作业机械的使用、保养记录，检查其工作状况；重要的工程机械，例如，大功率推土机、大型凿岩设备、路基碾压设备等，应在现场实际复验（如：开动、行走等），以保证投入作业的机械设备状态良好。监理工程师还应经常了解施工作业中机械设备的工作状况，防止带病运行，若监理工程师发现机械设备存在问题，应指令承包单位及时修理，以保持良好的作业状态。

3.特殊设备安全运行的审核

对于现场使用的塔式起重机及有特殊安全要求的设备，在使用前必须经过当地劳动安全部门的鉴定，符合要求并办好相关手续后方可允许承包单位投入使用。

4.大型临时设备的检查

在跨越大江大河的桥梁施工中，经常会涉及承包单位在现场组装的大型临时设备，如：轨道式门式起重机、悬灌施工中的挂篮、梁式起重机、吊索塔架、缆索起重机等。这些设备使用前，承包单位必须取得本单位上级安全主管部门的审查批准，办好相关手续后，监理工程师方可批准投入使用。

四、现场准备质量控制

（一）工程定位及标高基准控制

工程施工测量放线是建设工程产品由设计转化为实物的第一步。施工测量质量的好坏，直接影响工程产品的综合质量，并且制约着施工过程中有关工序的质量。例如，测量控制基准点或标高有误，会导致建筑物或结构的位置或高程出现误差，从而影响整体质量；又如，长隧道采用两端或多端同时掘进时，若洞的中心线测量失准，则会造成不能准确对接的质量问题；再如，永久设备的基础预埋件定位测量失准，则会造成设备难以正确安装的质量问题等。因此，工程测量控制可以说是施工前质量控制的一项基础工作，也是施工准备阶段的一项重要内容。监理工程师应将其作为保证工程质量的一项重要内容，在监理工作中，应由测量专业监理工程师负责工程测量的复核控制工作。

1.监理工程师应要求施工承包单位对建设单位（或其委托的单位）给定的原始基准点、基准线和标高等测量控制点进行复测，并将复测结果报监理工程师审核，经批准后施工承包单位只能据此进行准确的测量放线，建立施工测量控制网，并应对其正确性负责，同时做好基桩的保护。

2.复测施工测量控制网。在工程总平面图上，各种建筑物或构筑物的平面位置是用施工坐标系统的坐标来表示的。施工测量控制网的初始坐标和方向，一般是根据测量控制点测定的，测定好建筑物的长向主轴线即可作为施工平面控制网的初始方向，以后在控制网加密或建筑物定位时，不再用控制点定向，以免使建筑物发生位移及偏转。复测施工测量控制网时，应抽检建筑方格网、控制高程的水准网点及标桩埋设位置等。

（二）施工平面布置的控制

为了保证承包单位能够顺利地施工，监理工程师应督促建设单位按照合同约定并结合承包单位施工的需要，事先划定并提供给承包单位占有和使用现场有关部分的范围。如果在现场的某一区域内需要不同的施工承包单位同时或先后施工、使用，就应根据施工总进度计划的安排，规定他们各自占用的时间和先后顺序，并在施工总平面图中详细注明各工作区的位置及占用顺序，监理工程师要检查施工现场总体布置是否合理，是否有利于保证施工的正常、顺利进行，是否有利于保证质量，要特别重视场区道路、防洪排水、器材存放、给水及供电、混凝土供应及主要垂直运输机械设备布置等方面。

（三）材料构配件采购订货的控制

工程所需的原材料、半成品、构配件等都将构成永久性工程的组成部分。所以，它们的质量好坏直接影响未来工程产品的质量，因此需要事先对其质量进行严格控制。

1.凡由承包单位负责采购的原材料、半成品或构配件，在采购订货前应向监理工程师申报；对于重要的材料，还应提交样品，供试验或鉴定，有些材料则要求供货单位提交理化试验单（如：预应力钢筋的硫、磷含量等），经监理工程师审查认可后，方可进行订货采购。

2.对于半成品或构配件，应按经过审批认可的设计文件和图样要求采购订货，质量应满足有关标准和设计的要求，交货期应满足施工及安装进度安排的需要。

3.供货厂家是制造材料、半成品、构配件的主体，所以通过考查优选合格的供货厂家是保证采购、订货质量的前提。为此，大宗的器材或材料的采购应当实行招标采购的方式。

4.对于半成品和构配件的采购、订货，监理工程师应提出明确的质量要求、质量检测项目及标准、出厂合格证或产品说明书等质量文件的要求，以及是否需要权威性的质量认证等。

5.某些材料，诸如瓷砖等装饰材料，订货时最好一次订齐且备足货源，以免在分层抽样时出现色泽不一等质量问题。

6.供货方应向需方（订货方）提供质量文件，用以表明其提供的货物能够完全达到需方提出的质量要求。质量文件也是承包单位（当承包单位负责采购时）将来在工程竣工时应提供竣工文件的组成部分，用以证明工程项目所用的材料或构配件等的质量符合要求。

质量文件主要包括：产品合格证及技术说明书；质量检验证明；检测与试验者的资格证明；关键工序操作人员资格证明及操作记录（例如大型预应力构件的张拉应力工艺操作记录）；不合格品或质量问题处理的说明及证明；有关图样及技术资料；必要时，还应附有权威性认证资料。

（四）施工机械配置的控制

1.施工机械设备的选择，除应考虑施工机械的技术性能、工作效率、工作质量、可靠性及维修难易、能源消耗，以及安全、灵活等方面对施工质量的影响与保证外，还应考虑其数量配置对施工质量的影响与保证条件。例如，为保证混凝土连续浇筑，应备有足够的搅拌机和运输设备；在一些城市建筑施工中，有防止噪声的限制，必须采用静力压桩等。此外，要注意设备型号应与施工对象的特点及施工质量要求相适应。例如，对于黏性土的压实，可以采用羊足碾压路机进行分层碾压；但对于砂性土的压实，则宜采用振动压路机等类型的机械。在选择机械性能参数方面，也要与施工对象特点及质量要求相适应，例如，选择起重机械进行吊装施工时，其起重量、起重高度及起重半径均应满足吊装要求。

2.审查施工机械设备的数量是否足够。例如，在进行就地灌注桩施工时，是否有备用的混凝土搅拌机和振捣设备，以防止由于机械发生故障使混凝土浇筑工作中断，造成断桩质量事故等。

3.审查所需的施工机械设备是否按已批准的计划备妥；所准备的机械设备是否与监理工程师审查认可的施工组织设计或施工计划中所列者相一致；所准备的施工机械设备是否都处于完好可用的状态等。对于与批准的计划中所列施工机械不一致者，或机械设备的类型、规格、性能不能保证施工质量者，以及维护修理不良，不能保证良好的可用状态者，都不准使用。

（五）分包单位资质的审核确认

保证分包单位的资质是保证工程施工质量的一个重要环节和前提。因此，监理工程师应对分包单位资质进行严格审核。

1.分包单位提交《分包单位资质报审表》

总承包单位选定分包单位后，应向监理工程师提交《分包单位资质报审表》，其内容一般应包括以下几方面：

（1）关于拟分包工程的情况，说明拟分包工程名称（部位）、工程数量、拟分包合同额、分包工程占全部工程额的比例等。

（2）关于分包单位的基本情况，包括该分包单位的企业简介、资质材料、技术实力；企业过去的工程经验与业绩；企业的财务资本状况；施工人员的技术素质和条件等。

（3）分包协议草案，包括总承包单位与分包单位之间责、权、利；分包项目的施工工艺；分包单位设备和到场时间、材料供应；总包单位的管理责任等。

2.监理工程师审查总承包单位提交的《分包单位资质报审表》

审查时，主要是审查施工承包合同是否允许分包，分包的范围和工程部位是否可进行分包，分包单位是否具有按工程承包合同规定的条件完成分包工程任务的能力。如果认为该分包单位不具备分包条件，则不予批准。若监理工程师认为该分包单位基本具备分包条件，则应在进一步调查后由总监理工程师予以书面确认。审查、控制的重点一般是分包单位施工组织者、管理者的资格与质量管理水平，特殊专业工种和关键施工工艺或新技术、新工艺、新材料等应用方面操作者的素质与能力。

3.对分包单位进行调查

调查的目的是核实总承包单位申报的分包单位情况是否属实。如果监理工程师对调查结果满意，则总监理工程师应以书面形式批准该分包单位承担分包业务。总承包单位收到监理工程师的批准通知后，应尽快与分包单位签订分包协议，并将协议副本报送监理工程师备案。

（六）设计交底与施工图的现场核对

在施工阶段，设计文件是监理工作的依据。因此，监理工程师应认真参加由建设单位主持的设计交底工作，以便透彻地了解设计原则及质量要求；同时，要督促承包单位认真做好审核及图样核对工作，对于审图过程中发现的问题，应及时以书面形式报告给建设单位。

1.监理工程师参加设计交底应着重了解的内容

（1）有关地形、地貌、水文气象、工程地质及水文地质等自然条件。

（2）主管部门及其他部门（如：规划、环保、农业、交通、旅游等部门）对本工程的要求、设计单位采用的主要设计规范、市场供应的建筑材料情况等。

（3）设计意图方面：设计思想、设计方案比选的情况、基础开挖及基础处理方案、结构设计意图、设备安装和调试要求、施工进度与工期安排等。

（4）施工应注意事项方面：基础处理的要求、对建筑材料方面的要求、主体工程设计中采用新结构或新工艺对施工提出的要求、为实现进度安排而应采用的施工组织和技术保证措施等。

2.施工单位应进行施工图的现场核对

施工图是工程施工的直接依据，为了使施工承包单位充分了解工程特点、设计要求、减少图样的差错，确保工程质量，减少工程变更，施工承包单位应做好施工图的现场核对工作。

施工图的现场核对主要包括以下几个方面：

（1）施工图合法性的认定：施工图是否经设计单位正式签署，是否按规定经有关部门审核批准，是否得到建设单位的同意。

（2）图样与说明书是否齐全，若分期出图，图样供应是否满足需要。

（3）地下构筑物、障碍物、管线是否探明并标注清楚。

（4）图样中有无遗漏、差错，或相互矛盾之处（例如，漏画螺栓孔、漏列钢筋明细表；尺寸标注有错误、平面图与相应的剖面图相同部位的标高不一致；工艺管道、电气线路、设备装置等相互干扰、矛盾）；图样的表示方法是否清楚和符合标准（例如，对预埋件、预留孔的表示及钢筋构造要求是否清楚）等。

（5）工程地质及水文地质条件等基础资料是否充分、可靠，地形、地貌资料与现场实际情况是否相符。

（6）所需材料的来源有无保证，能否替代；新材料、新技术的采用有无问题。

（7）提出的施工工艺、方法是否合理，是否切合实际，是否存在不便于施工之处，能否保证质量要求。

（8）施工图或说明书中所涉及的各种标准、图册、规范、规程等，承包单位是否具备。

对于存在的问题，要求承包单位以书面形式提出，在设计单位以书面形式进行解释或确认后，才能进行施工。

（七）严把开工关

在总监理工程师向承包单位发出开工通知书时，建设单位即应及时保证质量地提供承包单位所需的场地和施工通道及水、电供应等条件，以确保及时开工，防止承担补偿工期和费用损失的责任。为此，监理工程师应事先检查工程施工所需的场地征用情况，道路和水、电开通情况；若不具备相应条件，监理工程师应敦促建设单位努力实现。

总监理工程师对于与拟开工工程有关的现场各项施工准备工作进行检查并确认合格后，方可发布书面的开工指令。对于已停工程，则须有总监理工程师的复工指令方能复工。对于合同中所列工程及工程变更的项目，承包单位必须在开工前提交《工程开工报审表》，经监理工程师审查上述各方面条件具备并由总监理工程师予以批准后，承包单位才能开始施工。

（八）监理机构内部的监控准备工作

建立并完善项目监理机构的质量监控体系，做好监控准备工作，使其能适应工程项目质量监控的需要，这是监理工程师做好质量控制的基础工作之一。例如，针对分部、分项工程的施工特点拟定监理实施细则，配备相应人员，明确分工及职责，配备所需的检测仪器设备并使其处于良好可用的状态，熟悉有关的检测方法和规程等。

第二节　建设工程施工阶段质量控制

一、施工过程的质量控制点

（一）选择质量控制点的一般原则

可作为质量控制点的对象涉及面广，它可能是技术要求高、施工难度大的结构部位，也可能是影响质量的关键工序、操作或某一环节。总之，结构部位、影响质量的关键工序、操作、施工顺序、技术、材料、机械、自然条件、施工环境等均可作为质量控制点来控制。

概括地说，应当选择保证质量难度大、对质量影响大或者发生质量问题时危害大的对象作为质量控制点。

1.施工过程中的关键工序或环节及隐蔽工程，例如，预应力结构的张拉工序，钢筋混凝土结构中的钢筋架立。

2.施工中的薄弱环节，或质量不稳定的工序、部位或对象，例如地下防水层施工。

3.对后续工程施工或对后续工序质量或安全有重大影响的工序、部位或对象，例如，预应力结构中的预应力钢筋质量、模板的支撑与固定等。

4.采用新技术、新工艺、新材料的部位或环节。施工上无足够把握、施工条件困难或技术难度大的工序或环节，例如，复杂曲线模板的放样等。

显然，是否设置为质量控制点，主要是视其对质量特性影响的大小、危害程度及其质量保证的难度大小而定。表5-3为建筑工程质量控制点的设置位置表。

表5-3　建筑工程质量控制点的设置位置表

分项工程	质量控制点
工程测量定位	标准轴线桩、水平桩、龙门板、定位轴线、标高。
地基、基础（含设备基础）	基坑（槽）尺寸、标高、土质、地基承载力，基础垫层标高，基础位置、尺寸、标高，预留洞孔、预埋件的位置、规格、数量，基础标高、杯底弹线。
砌体	砌体轴线，皮数杆，砂浆配合比，预留洞孔、预埋件位置、数量，砌块排列。
模板	位置、尺寸、标高，预埋件位置，预留洞孔尺寸、位置，模板强度及稳定性，模板内部清理及润湿情况。

（续表）

分项工程	质量控制点
钢筋混凝土	水泥品种、强度等级，砂石质量，混凝土配合比，外加剂比例，混凝土振捣，钢筋品种、规格、尺寸、搭接长度，钢筋焊接，预留洞、孔及预埋件规格、数量、尺寸、位置，预制构件吊装或出场（脱模）强度，吊装位置、标高、支承长度、焊缝长度。
吊装	吊装设备起重能力、吊具、索具、地锚。
钢结构	翻样图、放大样。
焊接	焊接条件、焊接工艺。
装修	视具体情况而定。

（二）作为质量控制点重点控制的对象

1.人的行为对某些作业或操作，应以人为重点进行控制。例如，高空、高温、水下、危险作业等，对人的身体素质或心理应有相应的要求；技术难度大或精度要求高的作业，如：复杂模板放样，精密、复杂的设备安装，以及重型构件吊装等对人的技术水平均有相应的要求。

2.物的质量与性能、施工设备和材料是直接影响工程质量和安全的主要因素，对某些工程尤为重要，常作为控制的重点。例如，基础的防渗灌浆，灌浆材料细度及可灌性、作业设备的质量、计量仪器的质量都是直接影响灌浆质量和效果的主要因素。

3.关键的操作。例如，预应力钢筋的张拉工艺操作过程及张拉力的控制，是可靠地建立预应力值和保证预应力构件质量的关键。

4.施工技术参数。例如，对填方路堤进行压实时，对填土含水量等参数的控制是保证填方质量的关键；对于岩基水泥灌浆，灌浆压力和吃浆率是质量控制的重点；冬期施工混凝土受冻临界强度等技术参数是质量控制的重要指标。

5.施工顺序。对于某些工作必须严格作业之间的顺序。例如，对于冷拉钢筋应当先对焊、后冷拉，否则会失去冷强；对于屋架固定一般应采取对角同时施焊，以免焊接应力使已校正的雁架发生变位等。

6.技术间歇。有些作业之间需要有必要的技术间歇时间，例如，砖墙砌筑后与抹灰工序之间，以及抹灰与粉刷或喷涂之间，均应保证有足够的间歇时间；混凝土浇筑后至拆模之间也应保持一定的间歇时间；混凝土大坝坝体分块浇筑时，相邻浇筑块之间也必须保持足够的间歇时间等。

7.由于缺乏经验，施工时新工艺、新技术、新材料的应用可作为重点进行严格控制。产品质量不稳定、不合格率较高及易发生质量通病的工序应列为重点，仔细分析、严格控制。例如，防水层的敷设、供水管道接头的渗漏等。

8.易对工程质量产生重大影响的施工方法。例如，液压滑模施工中的支承杆失稳问题、升板法施工中提升差的控制等，一旦施工不当或控制不严，都可能引起重大质量事故，所以也应作为质量控制的重点。

9.特殊地基或特种结构。例如，大孔性湿陷性黄土、膨胀土等特殊土地基的处理、大跨度和超高结构等难度大的施工环节和重要部位等都应特别重视。

总之，质量控制点的选择要准确、有效。为此，一方面需要有经验的工程技术人员来进行选择；另一方面也要集思广益，集中群体智慧由有关人员充分讨论，在此基础上进行选择。选择时要根据对重要的质量特性进行重点控制的要求，选择质量控制的重点部位、重点工序和重点质量因素作为质量控制点，进行重点控制和预控，这是进行质量控制的有效方法。

（三）质量预控对策的检查

工程质量预控是指针对所设置的质量控制点或分部、分项工程，事先分析施工中可能发生的质量问题和隐患，分析可能产生的原因，并提出相应的对策，采取有效的措施进行预先控制，以防在施工中发生质量问题。

二、作业技术活动运行过程的质量控制

（一）承包单位自检与专检工作的监控

1.承包单位的自检系统

承包单位是施工质量的直接实施者和责任者。监理工程师的质量监督与控制就是使承包单位建立起完善的质量自检体系并有效运转。

承包单位的自检体系表现以下几点：

（1）作业活动的作业者在作业结束后必须自检。

（2）不同工序交接、转换必须由相关人员交接检查。

（3）承包单位专职质检员的专检。

为实现上述三点，承包单位必须有整套的制度及工作程序，具有相应的试验设备及检测仪器，配备数量满足需要的专职质检人员及试验检测人员。

2.监理工程师的检查

监理工程师的质量检查与验收是对承包单位作业活动质量的复核与确认；监理工程师的检查绝不能代替承包单位的自检，而且，监理工程师的检查必须在承包单位自检并确认合格的基础上进行。若专职质检员没检查或检查不合格则不能报监理工程师。对不符合上述规定的情况，监理工程师一律拒绝进行检查。

（二）技术复核工作监控

常见的施工测量复核见表5-4。

表5-4　常见的施工测量复核

项目	内容
工业建筑测量复核	厂房控制网测量、桩基施工测量、柱模轴线与高程检测、厂房结构安装定位检测、动力设备基础与预埋螺栓检测。
民用建筑测量复核	建筑物定位测量、基础施工测量、墙体皮数杆检测、楼层轴线检测、楼层间高程传递检测等。
管线工程测量复核	管网或输配电线路定位测量、地下管线施工检测、架空管线施工检测、多管线交会点高程检测等。
高层建筑测量复核	建筑场地控制测量、基础以上的平面与高程控制、建筑物中垂直检测、建筑物施工过程中沉降变形观测等。

（三）见证取样送检工作监控

1.见证取样的工作程序

（1）工程项目施工开始前，项目监理机构要督促承包单位尽快落实见证取样的送检实验室。对于承包单位提出的实验室，监理工程师要进行实地考察。进行试验的机构一般是和承包单位没有行政隶属关系的第三方。实验室要具有相应的资质，并经国家或地方计量、试验主管部门认证，试验项目应满足工程需要，实验室出具的报告对外具有法定效果。

（2）项目监理机构要将选定的实验室到负责本项目的质量监督机构备案并得到认可，同时要将项目监理机构中负责见证取样的监理工程师在该质量监督机构备案。

（3）承包单位在对进场材料、试块、试件、钢筋接头等实施见证取样前要通知负责见证取样的监理工程师，并在该监理工程师的现场监督下，按相关规范的要求完成材料、试块、试件等的取样过程。

（4）完成取样后，承包单位将送检样品装入木箱，由监理工程师加封，不能装入箱中的试件，如：钢筋样品、钢筋接头等，则贴上专用的加封标志，然后送往实验室。

2.实施见证取样的要求

1.实验室要具有相应的资质并进行备案、认可。

2.负责见证取样的监理工程师要具有材料、试验等方面的专业知识，并且要取得从事监理工作的上岗资格（一般由专业监理工程师负责从事此项工作）。

3.承包单位从事取样的人员一般应是实验室人员，或由专职质检人员担任。

4.送往实验室的样品，要填写"送验单"，送验单要盖有"见证取样"专用章，并有见证取样监理工程师的签字。

5.实验室出具的报告一式两份，分别由承包单位和项目监理机构保存，并作为归档材料，是工序产品质量评定的重要依据。

6.见证取样的频率，国家或地方主管部门有规定的，执行相关规定；施工承包合同中如有明确规定的，执行施工承包合同的规定。见证取样的频率和数量，包括在承包单位自检范围内，一般所占比例为30%。

7.见证取样的试验费用由承包单位支付。实行见证取样，绝不能代替承包单位在材料、构配件进场时必须进行的自检。自检频率和数量要求按相关规范要求执行。

（四）工程变更监控

1.施工过程中变更

施工承包单位的要求及处理。在施工过程中，承包单位提出的工程变更要求可能有：①要求做某些技术修改；②要求做设计变更。

（1）对技术修改要求的处理

技术修改是指承包单位根据施工现场具体条件和自身的技术、经验和施工设备等条件，在不改变原设计图和技术文件的前提下，提出的对设计图和技术文件的某些技术上的修改要求。例如，对某种规格的钢筋采用替代规格的钢筋、对基坑开挖边坡的修改等。

承包单位提出技术修改的要求时，应向项目监理机构提交《工程变更单》，在该表中应说明要求修改的内容及原因，并附图和有关文件。

技术修改问题一般可以由专业监理工程师组织承包单位和现场设计代表参加，经各方同意后签字并形成纪要，作为《工程变更单》的附件，经总监理批准后实施。

（2）工程变更的要求

这种变更是指施工期间，对于设计单位在设计图和设计文件中所表达的设计标准状态的改变和修改。

承包单位应就要求变更的问题填写《工程变更单》，送交项目监理机构。总监理工程师根据承包单位的申请，与设计、建设、承包单位研究并做出变更的决定后，签发《工程变更单》，并应附有设计单位提出的变更设计图。承包单位签收后按变更后的图样施工。

总监理工程师在签发《工程变更单》之前，应就工程变更引起的工期改变及费用的增减分别与建设单位和承包单位进行协商，力求达到双方均能同意的结果。

这种变更，一般均会涉及设计单位重新出图的问题。

如果变更涉及结构主体及安全，该工程变更还要按有关规定报送施工图原审查单位进行审批，否则变更不能实施。

2.设计单位提出变更的处理

（1）设计单位首先将《设计变更通知》及有关附件报送建设单位。

（2）建设单位会同监理、施工承包单位对设计单位提交的《设计变更通知》进行研究，必要时设计单位尚须提供进一步的资料，以便对变更做出决定。

（3）总监理工程师签发《工程变更单》。并将设计单位发出的《设计变更通知》作为该《工程变更单》的附件，施工承包单位按新的变更图实施。

3.建设单位（监理工程师）要求变更的处理

（1）建设单位（监理工程师）将变更的要求通知设计单位，如果在要求中包含相应的方案或建议，则应一并报送设计单位；否则，变更要求由设计单位研究解决。在提供审查的变更要求中，应列出所有受该变更影响的图样、文件清单。

（2）设计单位对《工程变更单》进行研究。如果在"变更要求"中附有建议或解决方案时，设计单位应对建议或解决方案的所有技术方面进行审查，并确定它们是否符合设计要求和实际情况，然后书面通知建设单位，说明设计单位对该解决方案的意见，并将与该修改变更有关的图样、文件清单返回给建设单位，说明自己的意见，如果该《工程变更单》未附有建议的解决方案，则设计单位应对该要求进行详细的研究，并准备出自己对该变更的建议方案，提交建设单位。

（3）根据建设单位的授权监理工程师研究设计单位所提交的建议设计变更方案或其对变更要求所附方案的意见，必要时会同有关的承包单位和设计单位一起进行研究，也可进一步提供资料，以便对变更做出决定。

（4）在建设单位做出变更的决定后由总监理工程师签发《工程变更单》，指示承包单位按变更的决定组织施工。

应当指出的是，监理工程师对于无论哪一方提出的现场工程变更要求，都应持十分谨慎的态度。除非是原设计不能保证质量要求，或确有错误，以及无法施工或非改不可之外，一般情况下即使变更要求可能在技术经济上是合理的，也应全面考虑，将变更以后所产生的效益（质量、工期、造价）与现场变更引起的承包单位要求索赔等产生的损失加以比较，权衡轻重后再做出决定，因为往往这种变更并不一定能达到预期的愿望和效果。

须注意的是，在工程施工过程中，无论是建设单位或者施工及设计单位提出的工程变更或图样修改，都应通过监理工程师审查并经有关方面研究，确认其必要性后，由总监理工程师发布变更指令方能生效并予以实施。

（五）级配管理质量监控

1.拌和原材料的质量控制

使用的原材料除材料本身质量要符合规定要求外，材料本身的级配也必须符合相关规定。例如，粗骨料的粒径级配曲线，以及细集料的级配曲线要在规定的范围内。

2.材料配合比的审查

根据设计要求，承包单位首先进行理论配合比设计，进行试配试验后，确认2～3个能满足要求的理论配合比提交监理工程师审查。报送的理论配合比必须附有原材料的质量证明资料（现场复验及见证取样试验报告）、现场试块抗压强度报告及其他必需的资料。

监理工程师经审查确认其符合设计及相关规范的要求后予以批准。以混凝土配合比审查为例，应重点审查水泥品种、水泥最大用量；粉煤灰掺入量、水灰比、坍落度、配制强度；使用的外加剂、砂的细度模数、粗骨料的最大粒径限制等。

3.现场作业的质量控制

（1）拌和设备状态、相关拌和料计量装置及衡器的检查。

（2）投入使用的原材料（如：水泥、砂、外加剂、水、粉煤灰、粗骨料）的现场检查。主要检查其是否与批准的配合比一致。

（3）现场作业实际配合比是否符合理论配合比，当作业条件发生变化时是否及时进行了调整。例如，混凝土工程中，雨后开盘生产混凝土，砂的含水率发生了变化，对水灰比是否及时进行调整等。

（4）对现场所做的调整应按技术复核的要求和程序执行。在现场实际投料拌制时，应做好看板管理。

（六）计量工作质量监控

1.施工过程中使用的计量仪器、检测设备、称重衡器的质量控制。

2.从事计量作业人员技术水平资格的审核，尤其是现场从事施工测量的测量工，从事试验、检测的试验工。

3.现场计量操作的质量控制。作业者的实际作业质量直接影响作业效果，计量作业现场的质量控制主要是检查操作方法是否得当。例如，对仪器的使用、数据的判读、数据的处理及整理方法，及对原始数据的检查。在抽样检测中、现场检测取点、检测仪器的布置是否正确、合理，检测部位是否有代表性，能否反映真实的质量状况，也是检查的内容，如：在路基压实度检查中，如果检查点只在路基中部选取，就不能如实反映实际情况，故必须在路肩、路基中部均有检测点。

第三节　建设工程竣工验收阶段质量控制

一、施工质量验收的划分

（一）单位工程的划分

1.具备独立施工条件并能形成独立使用功能的建筑物及构筑物为一个单位工程。

2.规模较大的单位工程，可将其能形成独立使用功能的部分划分为子单位工程。

3.室外工程可根据专业类别和工程规模划分单位（子单位）工程。

子单位工程的划分一般可根据工程的建筑设计分区、使用功能的显著差异、结构缝的设置等实际情况，在施工前由建设、监理、施工单位自行商定，并据此收集整理施工技术资料和验收。

（二）分部工程的划分

1.分部工程的划分应按专业性质、建筑部位确定。例如，建筑工程划分为地基与基础、主体结构、建筑装饰装修、建筑屋面、建筑给水排水及采暖、建筑电气、智能建筑、通风与空调、电梯等九个分部工程。

2.当分部工程较大或较复杂时，可按施工程序、专业系统及类别等划分为若干个子分部工程。

（三）分项工程的划分

分项工程应按主要工种、材料、施工工艺、设备类别等进行划分。例如，混凝土结构工程中按主要工种分为模板工程、钢筋工程、混凝土工程等分项工程；按施工工艺又分为预应力、现浇结构、装配式结构等分项工程。

（四）检验批的划分

检验批可根据施工及质量控制和专业验收需要按楼层、施工段、变形缝等进行划分。

二、建设工程施工质量验收

（一）检验批质量验收

检验批合格质量应符合下列规定：

1.主控项目和一般项目的质量经抽样检验合格。

2.具有完整的施工操作依据、质量检查记录。

检验批是工程验收的最小单位，是分项工程乃至整个建筑工程质量验收的基础。检验批是施工过程中条件相同并有一定数量的材料、构配件或安装项目，由于其质量基本均匀一致，因此可以作为检验的基础单位，并按批验收。

质量控制资料反映了检验批从原材料到最终验收的各施工工序的操作依据，检查情况及保证质量所必需的管理制度等。对其完整性的检查，实际是对过程控制的确认，这是检验批合格的前提。

检验批的质量是否合格主要取决于对主控项目和一般项目的检验结果。主控项目是对检验批的基本质量起决定性影响的检验项目，因此，必须全部符合有关专业工程验收规范的规定。这意味着主控项目不允许有不符合要求的检验结果，即这种项目的检查具有否决权。鉴于主控项目对基本质量的决定性影响，从严要求是必须的。

（二）分项工程质量验收

分项工程质量验收合格应符合下列规定：

1.分部工程所含的检验批均应符合合格质量的规定。

2.分项工程所含的检验批的质量验收记录应完整。

分项工程的验收在检验批的基础上进行。一般情况下，分项工程和检验批具有相同或相近的性质，只是批量的大小不同。因此，将有关的检验批汇集构成分项工程。分项工程质量合格的条件比较简单，只要构成分项工程的各检验批的验收资料文件完整，并且均已验收合格，则分项工程验收合格。

（三）分部（子分部）工程质量验收

分部（子分部）工程质量验收合格应符合下列规定：

1.分部（子分部）工程所含工程的质量均应验收合格。

2.质量控制资料应完整。地基与基础、主体结构和设备安装等分部工程有关安全及功能的检验和抽样检测结果应符合有关规定。

3.观感质量验收应符合要求。

分部工程的验收在其所含各分项工程验收的基础上进行。分部工程验收合格的条件如下：

首先，分部工程的各分项工程必须已验收合格，且相应的质量控制资料文件必须完整，这是验收的基本条件。其次，由于各分项工程的性质不尽相同，因此作为分部工程不能简单地组合而加以验收，尚须增加以下两类检查项目：

（1）涉及安全和使用功能的地基基础、主体结构、有关安全及重要使用功能的安装分部工程，应进行有关见证取样送样试验或抽样检测。

（2）对于观感质量验收，这类检查往往难以定量，只能以观察、触摸或简单量测的方式进行，并结合每个人的主观判断，检查结果并不给出"合格"或"不合格"的结论，而是综合给出质量评价。对于"差"的检查点应通过返修处理等方式补救。

（四）单位（子单位）工程质量验收

1.单位（子单位）工程质量验收合格应符合下列规定：

（1）单位（子单位）工程所含分部（子分部）工程的质量均应验收合格。

（2）质量控制资料应完整。

（3）单位（子单位）工程所含分部工程有关安全和功能的检测资料应完整。

（4）主要功能项目的抽查结果应符合相关专业质量验收规范的规定。观感质量验收应符合要求。

2.单位工程质量验收也称为质量竣工验收，是建筑工程投入使用前的最后一次验收，也是最重要的一次验收。验收合格的条件如下：

（1）构成单位工程的各分部工程应该合格。

（2）有关的资料文件应完整。

（3）涉及安全和使用功能的分部工程应进行检验资料的复查。不仅要全面检查其完整性（不得有漏检缺项），而且对分部工程验收时补充进行的见证抽样检验报告也要复核。这种强化验收的手段体现了对安全和主要使用功能的重视。

（4）对主要使用功能还须进行抽查。使用功能的检查是对建筑工程和设备安装工程最终质量的综合检验，也是用户最为关心的内容。因此，在分项、分部工程验收合格的基础上，竣工验收时再做全面检查。参加验收的各方人员在检查资料文件的基础上商定抽查项目，并通过计量、计数的抽样方法确定检查部位。检查要求按有关专业工程施工质量验收标准要求进行。

（5）由参加验收的各方人员共同进行观感质量检查，最后共同确定是否验收。

三、施工质量验收的程序和组织

（一）检验批及分项工程的验收程序和组织

检验批及分项工程应由监理工程师（建设单位项目技术负责人）组织施工单位项目专业质量（技术）负责人等进行验收。

检验批和分项工程是建筑工程质量的基础，因此，所有检验批和分项工程均应由监理工程师或建设单位项目技术负责人组织验收。验收前，施工单位先填好《检验批和分项工程的质量验收记录》（有关监理记录和结论不填），并由项目专业质量检验员和项目专业技术负责人分别在检验批、分项工程质量检验员和项目专业技术负责人分别在《检验批和分项工程质量检验记录》中相关栏目签字，然后由监理工程师组织，严格按规定程序进行验收。

（二）分部工程的验收程序和组织

分部工程应由总监理工程师（建设单位项目负责人）组织施工单位项目负责人和技术、质量负责人等进行验收；地基与基础、主体结构分部工程的勘察、设计单位工程项目负责人和施工单位技术、质量部门负责人也应参加相关分部工程的验收。

（三）单位（子单位）工程的验收程序和组织

1.竣工初验收的程序

当单位工程达到竣工验收条件后，施工单位应在自查、自评工作完成后，填写工程竣工报验单，并将全部竣工资料报送项目监理机构，申请竣工验收。总监理工程师应组织各专业监理工程师对竣工资料及各专业工程的质量情况进行全面检查，对检查出的问题，应督促施工单位及时整改，对需要进行功能试验的项目（包括单机试车和无负荷试车），监理工程师应督促施工单位及时进行试验，并对重要项目进行监督、检查，必要时请建设单位和设计单位参加；监理工程师应认真审查试验报告单并督促施工单位搞好成品保护和现场清理。

经项目监理机构对竣工资料及实物全面检查、验收合格后，由总监理工程师签署工程竣工报验单，并向建设单位提出质量评估报告。

2.正式验收

建设单位收到工程验收报告后，应由建设单位(项目)负责人组织施工(含分包单位)、设计、监理等单位（项目）负责人进行单位（子单位）工程验收。单位工程由分包单位施工时，分包单位对所承包的工程项目应按规定的程序检查评定，总包单位应派人参加。分包工程完成后，应将工程有关资料交总包单位。建设工程经验收合格后方可交付使用。

建设工程竣工验收应当具备下列条件：

（1）完成建设工程设计和合同约定的各项内容。

（2）有完整的技术档案和施工管理资料。

（3）有工程使用的主要建筑材料、建筑构配件和设备的进场试验报告。有勘察、设计、施工、工程监理等单位分别签署的质量合格文件。有施工单位签署的工程保修书。

在竣工验收时，对某些剩余工程和缺陷工程，在不影响交付的前提下，经建设单位、设计单位、施工单位和监理单位协商后，施工单位应在竣工验收后的限定时间内完成。参加验收各方对工程质量验收意见不一致时，可请当地建设行政主管部门或工程质量监督机构协调处理。

（四）单位工程竣工验收备案

单位工程质量验收合格后，建设单位应在规定时间内将工程竣工验收报告和有关文件报建设行政管理部门备案。

1.凡在中华人民共和国境内新建、扩建、改建各类房屋建筑工程和市政基础设施工程的竣工验收，均应按有关规定进行备案。

2.国务院建设行政主管部门和有关专业部门负责全国工程的竣工验收监督管理工作。县级以上地方人民政府建设行政主管部门负责本行政区域内工程的竣工验收备案管理工作。

（五）工程施工质量不符合要求时的处理

当工程质量不符合要求时，应按下列规定进行处理：

1.经返工重做或更换器具、设备的检验批，应重新进行验收。

2.经有资质的检测单位检测鉴定能够达到设计要求的检验批，应予以验收。经有资质的检测单位检测鉴定达不到设计要求、但经原设计单位核算认可能够满足结构安全和使用功能的检验批，可予以验收。

3.经返工或加固处理的分项、分部工程，虽然改变外形尺寸但仍能满足安全使用要求，可按技术处理方案和协商文件进行验收。

一般情况下，不合格现象在最基层的验收单位（检验批）时就应发现并及时处理，否则将影响后续检验批和相关的分项工程、分部工程的验收，因此，所有质量隐患必须尽快消灭在萌芽状态，这也是强化验收、促进过程控制原则的体现。非正常情况的处理分以下四种情况：

第一种情况，是指在检验批验收时，其主控项目不能满足验收规范，或一般项目超过偏差限值的子项不符合检验规定的要求时，该检验批应及时进行处理。其中，严重的缺陷应推倒重建；一般的缺陷通过返修或更换器具、设备予以解决，应允许施工单位在采取相应的措施后重新验收。如能够符合相应的专业工程质量验收规范，则应认为该检验批合格。

第二种情况，是指在个别检验批中发现试块强度等不满足要求等问题，难以确定是否验收时，应请具有资质的法定检测单位检测。当鉴定结果能够达到设计要求时，该检验批仍应认为通过验收。

第三种情况，如经检测鉴定达不到设计要求，但经原设计单位核算，仍能满足结构安全和使用功能的情况，该检验批可予以验收。一般情况下，规范标准给出了满足安全和功能的最低限度要求，而设计往往在此基础上留有一些余量。不满足设计要求和符合相应规范标准的要求，两者并不矛盾。

第四种情况，更为严重的缺陷或者超过检验批的更大范围的缺陷，可能影响结构的安全性和使用功能。若经法定检测单位检测鉴定以后认为达不到规范标准的相应要求，即不能满足最低限度的完全储备和使用功能，则必须按一定的技术方案进行加固处理，使之能保证满足安全使用的基本要求。这样会造成一些永久性的缺陷（如改变结构外形尺寸）、影响一些次要的使用功能等。为了避免社会财富经受更大的损失，在不影响安全和主要使用功能条件下，可按处理技术方案和协商文件进行验收，责任方应承担经济责任，不能轻视质量而回避责任，这是应该特别注意的。

4.通过返修或加固处理仍不能满足安全使用要求的分部工程、单位（子单位）工程，严禁验收。

第六章　建筑工程施工主要模块质量控制

随着经济的快速发展，在现代建筑施工建设过程中，人们对于建筑的施工质量比较重视，对当前施工企业的发展有着重要的影响。由于房屋建筑施工是一项相对复杂的工程，在具体开展中需要做好多方面的协调工作，确保建筑施工的整体质量，并做好相应的监督管理，加强房屋建筑的整体安全管理意识，确保房屋建筑的整体质量。

第一节　土方工程质量控制要点

一、土方开挖质量控制

1.土方开挖应遵循"开槽支撑，先撑后挖，分层开挖，严禁超挖"的原则。

2.基坑（槽）和管沟开挖上部应有排水措施，防止地面水流入坑内，冲刷边坡，造成塌方或破坏基土，在挖土过程中应及时排除坑底表面积水。

3.基坑（槽）开挖应按规定的尺寸合理确定开挖顺序和分层开挖深度。开挖时应注意土壁的变动情况，如发现有裂缝或部分坍塌现象，应及时进行支撑或放坡，并注意支撑的稳固性和土壁的变化。当采取不放坡开挖的方式时，应设临时支护。

4.挖出的土除预留一部分用作回填外，不得在场地内任意堆放，在坑顶两边堆土时，距离坑顶边缘至少1m，堆土高度不得超过1.5m。

5.在已有建筑物侧挖基坑（槽）应分段进行，每段不超过2.5m，相邻槽段应待已挖好槽段基础回填夯实后进行开挖基坑深于相邻建筑物基础时，开挖应保持一定的距离和坡度，满足H/L为0.5～1（H为相邻基础高差，L为相邻两基础外边缘水平距离）。

6.基坑严禁超挖，采用机械挖土时，为防止基底土壁振动，不应直接挖到基坑（槽）底，应在基底标高以上预留200～300mm余土，待基础施工前由人工清除。

7.基坑（槽）开挖后，应检验下列内容：

（1）核对基坑（槽）的位置、平面尺寸、坑底标高是否符合设计的要求，并检查边坡稳定状况，确保边坡安全。核对基坑土质和地下水情况是否满足地质勘察报告和设计要求；有无破坏原状土结构或发生较大的土质扰动现象。

（2）用钎探法或轻型动力触探法等检查基坑（槽）是否存在软弱土下卧层及空穴、古墓、古井、防空掩体、地下埋设物，等并查明相应的位置、深度、性状。

二、土方回填质量控制

1.土方回填前应清除基底的垃圾、树根等杂物，抽除坑内积水，验收基底标高。若土方在耕植土或松土上进行，还应先对基底进行压实。

2.填方土料应按设计要求验收后方可填入。填土应处于最佳含水量状态，填土过湿时应翻松晾干，也可掺入同类干土或吸水性材料；填土过干时，则应预先洒水润湿。

3.填方施工过程中应检查排水措施、每层填筑厚度、含水量控制、压实度。填筑厚度及压实遍数应根据土质确定，压实系数及所用机具经试验确定。

三、灰土垫层地基质量控制

1.铺土前对地基进行清理，消除积水，平整基层。

2.分段、分层敷设和夯压，在接缝处不得漏夯（碾），机具夯压不到的地方由人工或小型机具配合夯压密实。每层分段位置应错开，上下两层的施工缝错开不得小于500mm，并不得在墙角、柱基及承重窗间墙下等处接缝。接缝处应夯压密实。

3.控制垫料的含水量，素土和灰土垫层施工的材料含水域宜控制在最优含水量±2%的范围内。含水量过大时，应晾晒或风干；含水量小于最优含水量时，应洒水润湿。

4.灰土应拌和均匀，颜色一致，拌好后及时铺好、夯实。入坑（槽）的垫料，应当日夯压，不得隔日夯打。

5.采取防雨、排水措施，避免垫层受雨水浸泡。夯实后的灰土，在3d内不得受水浸泡。若遭受雨淋浸泡，则应将积水及松软灰土除去并补填夯实。上部基础施工完毕后，应尽快回填基坑并夯实。

四、预压地基质量控制

1.堆载预压法水平排水垫层施工时，应避免对软土表层的过大扰动，以免造成砂和淤泥混合，影响垫层的排水效果。另外，在敷设砂垫层前，应清除砂井顶面的淤泥和其他杂质，以利砂井排水。

2.砂井中的砂宜用中砂、粗砂；袋中砂宜用干砂，不宜采用潮湿砂，以免袋内砂干燥后体积减小，造成袋装砂井缩短与排水垫层不搭接；垫层中的砂可用中砂、细砂。砂料含泥量要求小于3%。

3.塑料排水带滤水膜在转盘和打设过程中应避免损坏，防止淤泥进入带芯堵塞输水孔而影响塑料带的排水效果。塑料带与桩尖的连接要牢固，避免提管时脱开导致塑料带拔出。桩尖平端与导管靴配合要适当，避免错缝，防止淤泥在打设过程中进入导管，增大对塑料带的阻力，甚至将塑料带拔出。塑料带需要接长时，为减少带与导管阻力，应采用滤水膜内平搭接的连接方式，搭接长度宜大于200mm，以保证输水畅通并有足够的搭接强度。

4.加载预压过程施工时不能急于求成，应根据设计要求分级逐渐加载。在加载过程中，应每天进行竖向变形、边桩位移及孔隙水压力等项目的观测，根据观测资料严格控制加载速率。

5.塑料排水带的滤水膜应有良好的透水性，塑料排水带应具有足够的湿润抗拉强度和抗弯曲能力。

6.在真空预压法施工过程中，真空滤管的距离要适当，并使真空度分布均匀，滤管渗透系数大于1×10^2cm/s；真空泵及膜内真空度应在96kPa和73kPa以上。地面总沉降规律应符合一般加载预压时的沉降规律，如发现异常，应及时采取措施，以免影响最终加固效果。因此，必须做好真空度、地面沉降量、深层沉降、水平位移、孔防水压力和地下水位的现场测试工作。

五、强夯地基质量控制

1.强夯前应对场地进行地质勘探，通过现场试验确定强夯参数（试夯区面积不小于$20m \times 20m$）。

2.夯击前后应对地基土进行原位测试，包括室内土分析试验、野外标准贯入、静力（轻便）触探、旁压试验（或野外荷载试验），测定有关数据，以检验地基的实际影响深度。

有条件时，应尽量选用上述两项以上的测试项目，以便比较。

对于检验点数，每个独立基础至少有1点，基槽每20延米有1点，整片地基$50m^2 \sim 100m^2$取1点。检测深度和位置按设计要求确定，同时现场测定夯击后每点的地基平均变形值，以检验强夯效果。

3.施工前应检查夯锤重量、尺寸，落距控制手段，排水设施。

4.强夯中严格控制夯位和夯距，不漏夯；检查落距、夯击遍数和夯击范围，确保单位夯击能量符合设计要求。对各项参数和施工情况进行详细记录。

六、高压喷射注浆质量控制

1.施工前应先进行场地平整，挖好排浆沟，并根据现场环境和地下埋设物的位置等情况，复核高压喷射注浆的设计孔位。

2.做好钻机定位，钻机与高压注浆泵的距离不宜过远。要求钻机安放保持水平，钻杆保持垂直，其倾斜度不得大于1.5%。钻孔位置与设计位置的偏差不得大于50mm。

3.当注浆管贯入土中，喷嘴达到设计标高时，即可喷射注浆。在喷射注浆参数达到规定值后，随即分别按旋喷、定喷或摆喷的工艺要求提升注浆管，由下而上喷射注浆。注浆管分段提升的搭接长度不得小于100mm。

4.在高压喷射注浆过程中出现压力骤然下降、上升或大量冒浆等异常情况时，应停止提升和喷射注浆以防桩体中断，同时立即查明产生的原因并及时采取措施排除故障。若发现有浆液喷射不足，影响桩体的设计直径时，应进行复核。当高压喷射注浆完毕时，应迅速拔出注浆管，用清水冲洗管路。为防止浆液凝固收缩影响桩顶高程，必要时可在原孔位采用冒浆回灌或第二次注浆等措施。

第二节　基础工程质量控制要点

一、浅基础质量控制

（一）砖石基础质量控制

1.砖石的品种、质量、规格、强度等级，砂浆品种、强度必须符合设计要求和施工规范的规定。

2.砌体砂浆必须饱满，水平灰缝的砂浆饱满度不小于80%。

3.砌体转角处必须同时砌筑，交接处不能同时砌筑时必须留斜槎，外墙基础的转角处严禁留直槎，其他临时间断处留槎的做法必须符合施工规范的规定。

（二）钢筋混凝土基础质量控制

1.在混凝土浇灌前应先行验槽，基坑尺寸应符合设计要求，应挖去局部软弱土层，用灰土或砂砾回填夯实至与基底相平。在地基或基土上浇筑混凝土时，应清除淤泥和杂物，并应有排水和防水措施。对干燥的黏性土，应用水湿润；对未风化的岩石，应用水清洗，但其表面不得留有积水。

2.垫层混凝土在验槽后应立即浇灌，以保护地基。当垫层素混凝土达到一定强度后，在其上面弹线、支模、铺放钢筋。

3.钢筋上的泥土、油污，模板内的垃圾、杂物应消除干净。木模板应浇水湿润，缝隙应堵严，基坑积水应排除干净。

4.当混凝土自高处倾落时，其自由倾落高度不宜超过2m；若高度超过2m，应设料斗、漏斗、串筒、斜槽、溜管，以防止混凝土分层、离析。

5.混凝土宜分段、分层灌筑，各段、各层间应互相衔接，每段长2～3m，使混凝土逐段、逐层呈阶梯形推进，并注意先使混凝土充满模板边角，然后浇灌中间部分。

6.混凝土应连续浇灌，以保证结构良好的整体性，若必须间歇，间歇时间不应超过规范的规定。若间歇时间超过规定，应设置施工缝，并应待混凝土的抗压强度达到 $1.2N/mm^2$

以上时，才允许继续浇灌混凝土，以免已浇筑的混凝土结构因振动而受到破坏。

二、预制桩质量控制

（一）预制桩钢筋骨架质量控制

1.预制桩主筋可采用对焊或焊条电弧焊，同一截面的主筋接头不得超过50%，相邻主筋接头截面的距离应大于35D且不小于500mm。

2.为了防止桩顶击碎，桩顶钢筋网片位置要严格控制、按图施工，并采取措施使网片位置固定正确、牢固，保证混凝土浇筑时不移位；浇筑预制桩混凝土时，从桩顶开始浇筑，要保证柱顶和桩尖不积聚过多的砂浆。

3.为防止锤击时桩身出现纵向裂缝导致桩身击碎而被迫停锤，预制桩钢筋骨架中主筋距桩顶的距离必须严格控制，绝不允许主筋距桩顶面过近甚至触及桩顶的质量问题出现。

4.预制桩接桩注意事项：当桩尖接近硬持力层或桩尖处于硬持力层中时，不得接桩；若采用电焊接桩则应抓紧时间进行焊接，以免耗时长导致桩摩阻得到恢复，使桩下沉产生困难。

（二）混凝土预制桩的起吊、运输和堆存质量控制

1.预制桩达到设计强度70%方可起吊，达到100%才能运输。桩的水平运输应用运输车辆，严禁在场地内直接拖拉桩身。

2.垫木和吊点应保持在同一横断面上，且各层垫木上下对齐，防止垫木参差不齐而使桩被剪切断裂。

3.根据大量的工程实践经验，只有龄期和强度都达到标准的预制桩，才能顺利打入土中，且很少打裂，故沉桩时应做到强度和龄期双控制。

（三）混凝土预制桩接桩施工质量控制

1.硫磺胶泥锚接法仅适用于软土层，因此法的管理和操作要求较严，所以一级建筑桩基或承受拔力的桩应慎用。

2.焊接接桩材料：钢板宜用低碳钢，焊条宜用E43；焊条使用前必须经过烘焙，降低烧焊时含氢量，防止焊缝产生气孔而降低其强度和韧性；焊条烘焙应有记录。

焊接接桩时，应先将四角定位焊固定，焊接必须对称进行，以保证设计尺寸正确，使上下节桩对中。

（四）混凝土预制桩沉桩质量控制

1.沉桩顺序是打桩施工方案的一项重要内容，必须正确选择确定，以避免桩位偏移、

上拔、地面隆起过多、邻近建筑物破坏等事故发生。

2.沉桩中停止锤击应根据桩的受力情况确定：摩擦型桩以标高为主，贯入度为辅；而端承型桩应以贯入度为主，标高为辅标高和贯入度应进行综合考虑，当两者差异较大时，应会同各参与方进行研究，共同研究确定停止锤击桩标准。

3.为避免或减少沉桩挤土效应和对邻近建筑物、地下管线的影响，在施打大面积密集桩群时，要采取预钻孔、设置袋装砂井或塑料排水板的方式消除部分超孔隙水压力。

4.插桩是保证桩位正确和桩身垂直度的重要开端，插桩应控制桩的垂直度，并应逐桩记录，以备核对查验、避免打偏。

5.打桩顺序：根据基础的设计标高，先深后浅；依桩的规格，宜先大后小，先长后短。由于桩的密集程度不同，可自中间向两侧对称进行或向四周进行；也可由一侧向单一方向进行。

三、灌注桩质量控制

（一）灌注桩钢筋笼制作质量控制

1.钢筋笼制作允许偏差按规范执行。主筋净距必须大于混凝土粗骨料粒径3倍以上，以确保混凝土浇筑时达到密实度要求。

2.箍筋宜设在主筋外侧，当主筋须设弯钩时，弯钩不得向内圆伸露，以免钩住灌注导管，妨碍导管正常工作。

3.钢筋笼的内径应比导管接头处的外径大100mm以上。

4.分节制作的钢筋笼，主筋接头宜用焊接，由于在焊接灌注桩孔口时只能做单面焊，搭接长度要保证10倍主筋直径以上。

5.沉放钢筋笼前，在钢筋笼上套上或焊上主筋保护层垫块或耳环，使主筋保护层偏差符合以下规定：水下浇筑混凝土桩主筋保护层偏差在±20mm以内，非水下浇筑混凝土桩主筋保护层偏差在±10mm以内。

（二）泥浆护壁成孔灌注桩施工质量控制

1.泥浆制备和处理的施工质量控制

（1）在清孔过程中，要不断置换泥浆，直至浇筑水下混凝土时才能停止置换，以保证孔底沉渣厚度符合要求，防止由于泥浆静止、渣土下沉而导致孔底实际沉渣超厚的弊病。

（2）浇筑混凝土前，孔底500mm以内的泥浆相对密度应小于1.25；含砂率不大于8%；黏度不大于28s。

2.正、反循环钻孔灌注桩施工质量控制

（1）孔深大于30m的端承型桩，钻孔机具工艺选择时宜用反循环工艺成孔或清孔。

（2）为了保证钻孔的垂直度，钻机应设置导向装置。潜水钻的钻头上应有不小于3倍钻头直径长度的导向装置；利用钻杆加压的正循环回转钻机，在钻具中应加设扶正器。

（3）孔达到设计深度后，清孔后的沉渣厚度应符合下列规定：端承桩50mm；摩擦端承桩、端承摩擦桩≤100mm；摩擦桩≤300mm。正、反循环钻孔灌注桩成孔施工的允许偏差应满足规范规定。

3.水下混凝土浇筑施工质量控制

（1）水下混凝土配制的强度等级应有一定的余量，能保证水下浇筑混凝土强度等级符合设计强度的要求（并非在标准条件下养护的试块达到设计强度等级，即判定符合设计要求）。

（2）水下混凝土必须具备良好的和易性，坍落度宜为180 ~ 220mm，水泥用量不得少于360kg/m³。

（3）水下混凝土的含砂率宜控制在40% ~ 45%，粗骨料粒径应小于40mm。

（4）导管使用前应试拼装、试压，试水压力取0.6 ~ 1.0MPa。防止导管渗漏发生堵管现象。

（5）隔水栓应有良好的隔水性能，并确保隔水栓能顺利从导管中排出，保证水下混凝土浇筑成功。

（6）用以储存混凝土的灌斗的容量，必须满足第一斗混凝土灌下后能使导管一次埋入混凝土面以下1m以上。

（7）浇筑水下混凝土时应有专人测量导管内外混凝土面标高，埋管2 ~ 6m深时，才允许提升混凝土导管。当选用起重机提拔导管时，必须严格控制导管提拔时导管离开混凝土面的可能，防止发生断桩事故。

第三节　主体结构工程质量控制要点

一、模板工程质量控制

（一）一般规定

1.模板及其支架必须符合下列规定：

（1）保证工程结构和构件各部分形状尺寸和相互位置的正确，这就要求模板工程的几何尺寸、相互位置及标高满足设计图要求，并且在混凝土浇筑完毕后，模板工程的几何尺寸、相互位置及标高在允许偏差范围内。

（2）要求模板工程具有足够的承载力、刚度和稳定性，不出现塑性变形、倾覆和失稳。

（3）构造简单，拆装方便，便于钢筋的绑扎和安装。另外，对混凝土的浇筑和养护，要做到加工容易、集中制造、提高工效、紧密配合、综合考虑。模板的拼缝不应漏浆。对于反复使用的钢模板要不断进行整修，保证其棱角顺直、平整。

2.组合钢模板、大模板、滑升模板等的设计、制作和施工，应符合国家现行标准的有关规定。

3.模板使用前应涂刷隔离剂，不宜采用油质类隔离剂。严禁隔离剂沾污钢筋与混凝土接槎处，以免影响钢筋与混凝土的握裹力及混凝土接槎处不能有机结合。不得在模板安装后刷隔离剂。

4.对模板及其支架应定期维修。钢模板及支架应防止锈蚀，从而延长模板及其支架的使用寿命。

（二）模板安装的质量控制

1.竖向模板和支架的支撑部分必须坐落在坚实的基土上，并应加设垫板，使其有足够的支撑面积。

2.一般情况下，应自下而上地安装模板。在安装过程中要注意模板的稳定，可设临时支撑稳住模板，待安装完毕且校正无误后方可固定牢固。

3.模板安装要考虑拆除方便，宜在不拆梁的底模和支撑的情况下，先拆除梁的侧模，以利于周转使用。

4.在模板安装过程中应多检查垂直度、中心线、标高偏差是否在允许范围之内，保证结构部分的几何尺寸和相邻位置的正确。

5.现浇钢筋混凝土梁、板，当跨度大于或等于4m时，模板应起拱；当设计无要求时，起拱高度宜为全跨长的1/1000 ~ 3/1000，不准许起拱过小而造成梁、板底下垂。

6.现浇多层房屋和构筑物支模时，采用分段、分层方法。下层混凝土须达到足够的强度以承受上层作业荷载传来的力，且上下立柱应对齐，并敷设垫板。

（三）模板拆除的质量控制

1.混凝土结构拆模时的强度要求

模板及其支架拆除时的混凝土强度应符合设计要求，当设计无具体要求时，应符合下列规定：

（1）侧模在混凝土强度能保证其表面及棱角不因拆除模板而受损坏后，方可拆除。

（2）底模在混凝土强度达到表6-1的规定后，方可拆除。

表6-1　底模拆除的混凝土强度要求

结构类型	结构跨度/m	按设计的混凝土强度标准值的百分比（%）
悬臂结构	—	≥ 100
梁、拱、壳	> 8	≥ 100
板	> 8	≥ 100
梁、拱、壳	≤ 8	≥ 75
板	> 2 且 ≤ 8	≥ 75
	≤ 2	≥ 50

2.混凝土结构拆模后的强度要求

混凝土结构在模板和支架拆除后，须待混凝土强度达到设计混凝土强度等级后，方可承受全部使用荷载；当施工荷载所产生的效应比使用荷载的效应更为不利时，必须经过核算，加设临时支撑。

二、钢筋工程质量控制

（一）一般规定

1.钢筋采购与进场验收

（1）在进行钢筋采购时，混凝土结构中采用的热轧钢筋、热处理钢筋、碳索钢丝、刻痕钢丝和钢绞线的质量，应分别符合现行国家标准的规定。

（2）钢筋从钢厂发出时，应具有《出厂质量证明书》或《试验报告单》，每捆（盘）钢筋均应有标牌。

（3）钢筋进入施工单位的仓库或放置场时，应按炉罐号及直径分批验收。验收内容包括：查对标牌、外观检查、按有关技术标准的规定抽取试样做机械性能试验，检查合格后方可使用。钢筋在运输和储存时，必须保留标牌、严格防止混料，并按批分别堆放整齐，无论在检验前或检验后，都要避免锈蚀和污染。

2.其他要求

（1）当钢筋在加工过程中发生脆断、焊接性能不良或力学性能显著不正常等现象时，应按现行国家标准对该批钢筋进行化学成分检验或其他专项检验。

（2）进口钢筋需要焊接时，还要进行化学成分检验。

（3）对有抗震要求的框架结构纵向受力钢筋，检验的强度实测值应符合下列要求：

钢筋的抗拉强度实测值与屈服强度实测值的比值不应小于1.25。钢筋的屈服强度实测值与钢筋的强度标准值的比值，当按一级抗震设计时，不应大于1.25；当按二级抗震设计时，不应大于1.4。

（4）钢筋的强度等级、种类和直径应符合设计要求，当需要代换时，必须征得设计单位同意，并应符合下列要求：

不同种类钢筋的代换，应按钢筋受拉承载力设计值相等的原则进行。

①当构件受抗裂、裂缝宽度、挠度控制时，钢筋代换后应重新进行验算。

②钢筋代换后，应满足混凝土结构设计规范中有关间距、锚固长度、最小钢筋直径、根数等要求。

③对重要的受力结构，不宜用光圆钢筋代换带肋钢筋。

④梁的纵向受力钢筋与弯起钢筋应分别进行代换。

⑤对有抗震要求的框架，不宜以强度等级较高的钢筋代替原设计中的钢筋；当必须代换时，尚应符合上述规定。

⑥预制构件的吊环，必须采用未经冷拉的HPB300级钢筋制作。

3.热轧钢筋取样与试验

每批钢筋由同一截面尺寸和同一炉罐号的钢筋组成，数量不大于60t。在每批钢筋中任选3根钢筋切取3个试样供拉力试验用，再任选3根钢筋切取3个试样供冷弯试验用。

拉力试验和冷弯试验结果必须符合现行钢筋机械性能的要求，如有某一项试验结果达不到要求，则从同一批中再任取双倍数量的试件进行复试；若有任二指标在复试中达不到要求，则该批钢筋就被判断为不合格。

（二）钢筋焊接施工质量控制

钢筋的焊接技术包括：电阻定位焊、闪光对焊、焊条电弧焊和竖向钢筋接长的电渣压焊以及气压焊。下面仅就焊条电弧焊和电渣压焊施工质量控制进行介绍。

1.焊条电弧焊的施工质量控制

（1）操作要点

①进行帮条焊时，两钢筋端头之间应留2.5mm的间隙。

②进行搭接焊时，钢筋宜预弯，以保证两根钢筋的轴线在同一直线上。

③焊接时，引弧应从帮条或搭接钢筋一端开始，收弧应在帮条或搭接钢筋梢头上，弧坑应填满。

④熔槽帮条焊钢筋端头应加工平整，两钢筋端面间隙为10～16mm；焊接时电流宜稍大，从焊缝根部引弧后连续施焊，形成熔池，保证钢筋端部熔合良好，焊接过程中应停焊敲渣一次。焊平后，进行加强缝的焊接。

⑤坡口焊钢筋坡面应平顺，切口边缘不得有裂纹和较大的钝边、缺棱；钢筋根部最大

间隙不宜超过10mm；为了防止接头过热，应采用几个接头轮流施焊；加强焊缝的宽度应超过V形坡口的边缘2～3mm。

（2）外观检查要求

①焊缝表面平整，不得有较大的凹陷、焊瘤。

②接头处不得有裂缝。

③帮条焊的帮条沿接头中心线纵向偏移不得超过4°，接头处钢筋轴线的偏移不得超过0.1d或3mm。

④坡口焊及熔槽帮条焊接头的焊缝加强高度为2～3mm。

⑤在进行坡口焊时，预制柱的钢筋外露长度：当钢筋根数少于14根时，取250mm；当钢筋根数大于等于14根时，取350mm。

2.电渣压力焊的施工质量控制

（1）操作要点

①为使钢筋端部局部接触，以便引弧，形成渣池，进行手工电渣压焊时，可采用直接引弧法。

②待钢筋熔化达到一定程度后，在切断焊接电源的同时，迅速进行顶压，持续数秒钟方可松开操作杆，以免接头偏斜或接合不良。

③在焊剂使用前，须经恒温250℃烘焙1～2h。焊前应检查电路，观察网络电压波动情况，若电源的电压降大于5%，则不宜进行焊接。

（2）外观检查要求

①接头焊包均匀，不得有裂纹，钢筋表面无明显烧伤等缺陷。

②接头处的钢筋轴线偏移不得超过0.1d，同时不得大于2mm。

③接头处弯曲不得大于4°。

（3）其他要求

①焊工必须持有焊工考试合格证。在进行钢筋焊接前，必须根据施工条件进行试焊，合格后方可施焊。

②由于钢筋弯曲处内、外边缘的应力差异较大，因此焊接头距钢筋弯曲处的距离不应小于钢筋直径的。

③在受力钢筋采用焊接接头时，设置在同一构件内的焊接接头应相互错开在。任一焊接接头中心至长度为钢筋直径的35倍且不小于500mm的区段内，同一根钢筋不得有两个接头。

④对于轴心受拉杆、小偏心受拉杆及直径大于32mm的轴心受压柱和偏心受压柱中的钢筋接头均应采用焊接对于有抗震要求的受力钢筋接头，宜优先采用焊接或机械连接。

（三）钢筋机械连接施工质量控制

钢筋机械连接技术包括直、锥螺纹连接和套筒挤斥连接，下面仅介绍最常用的直螺纹连接的施工质量控制。

1.构造要求

（1）同一构件内同一截面受力钢筋的接头位置应相互错开。在任一接头中心至长度为钢筋直径的35倍的区域范围内，有接头的受力钢筋截面面积占受力钢筋总截面面积的百分率应符合下列规定：

①受拉区的受力钢筋接头百分率不宜超过50%。

②受拉区的受力钢筋受力较小时，A级接头百分率不受限制。

③接头宜避开有抗震设防要求的框架梁端和柱端的箍筋加密区；当无法避开时，接头应采用A级接头，且接头百分率不应超过50%。

（2）接头端头距钢筋弯起点不得小于钢筋直径的10倍。

（3）不同直径的钢筋连接时，一次对接钢筋直径规格不宜超过二级。

（4）钢筋连接套处的混凝土保护层厚度除了要满足现行国家标准外，还不得小于15mm，且连接套之间的横向净距不宜小于25mm。

2.操作要点

①操作工人必须持证上岗。

②钢筋应先调直再下料，切口端面应与钢筋轴线垂直，不得有马蹄形或挠曲，不得用气割下料。

③加工钢筋直螺纹丝头的牙型、螺距等必须与连接套的牙型、螺距一致，且经配套的量规检测合格。

④加工直螺纹钢筋时，应采用水溶性切削润滑液，不得用机油作润滑液或不加润滑液套丝。

⑤已检验合格的丝头应加帽头予以保护。

⑥连接钢筋时，钢筋规格和连接套的规格应一致，并确保钢筋和连接套的丝扣干净、完好无损。

⑦采用预埋接头时，连接套的位置、规格和数量应符合设计要求。带连接套的钢筋应固定牢固，连接套的外露端应有密封盖。

⑧必须用精度±5%的力矩扳手拧紧接头，且要求每半年用扭力仪检测力矩扳手一次。

⑨连接钢筋时，应对正轴线将钢筋拧入连接套，然后用力矩扳手拧紧；接头拧紧值应满足规定的力矩值，不得超拧。拧紧后的接头应做好标志。

（四）钢筋绑扎与安装施工质量控制

1.准备工作

（1）确定分部、分项工程的绑扎进度和顺序。

（2）了解运料路线、现场堆料情况、模板清扫和润滑状况及坚固程度、管道配合条件等。

（3）检查钢筋的外观质量，着重检查钢筋的锈蚀状况，确定有无必要进行除锈。

（4）在运料前要核对钢筋的直径、形状、尺寸及钢筋级别是否符合设计要求。准备必需数量的工具、水泥砂浆垫块与绑扎所需的钢丝等。

2.操作要点

（1）钢筋的交叉点都应扎牢。

（2）板和墙的钢筋网，除靠近外围两行钢筋的相交点全部扎牢外，中间部分的相交点可相隔交错扎牢，但必须保证受力钢筋不位移；若采用一面顺扣绑扎，交错绑扎扣应变换方向绑扎；对于面积较大的网片，可适当用钢筋做斜向拉结，加固双向受力的钢筋，且须将所有相交点全部扎牢。

（3）梁和柱的箍筋，除设计有特殊要求外，应与受力钢筋保持垂直，箍筋弯钩叠合处，应与受力钢筋方向错开。此外，梁的箍筋弯钩应尽量放在受压处。

（4）绑扎柱竖向钢筋时，角部钢筋的弯钩应与模板成45°；中间钢筋的弯钩应与模板成90°；当采用插入式振动器浇筑小型截面柱时，弯钩平面与模板面的夹角不得小于150°。

（5）绑扎基础底板钢筋时，要防止弯钩平放，应预先使弯钩朝上；若钢筋有带弯起直段的，绑扎前应将直段立起来，宜用细钢筋连接上，防止直段倒斜。

（6）钢筋的绑扎接头应符合下列要求：

①搭接长度的末端与钢筋弯曲处的距离不得小于钢筋直径的10倍。接头不宜位于构件最大弯矩处。

②在钢筋受拉区域内，HRB300级钢筋和冷拔低碳钢丝接头末端应做弯钩，HRB335级和HRB400级钢筋可不做弯钩。

③直径不大于12mm的受压HRB300级钢筋的末端，以及轴心受压构件中任意直径的受力钢筋的末端可不做弯钩，但搭接长度不得小于钢筋直径的35倍。

④在钢筋搭接处，应用钢丝扎牢其中心和两端。

⑤受拉钢筋绑扎接头的搭接长度应符合现行相关标准的规定，受压钢筋的搭接长度相应取受拉钢筋搭接长度的0.7倍。

⑥焊接骨架和焊接网采用绑扎接头时：搭接接头不宜位于构件的最大弯矩处；焊接骨架和焊接网在非受力方向的搭接长度宜为100mm；受拉焊接骨架和焊接网在受力钢筋方向的搭接长度应符合现行标准的规定；受压焊接骨架和焊接网取受拉焊接骨架和焊接网的0.7倍。

⑦各受力钢筋之间的绑扎接头位置应相互错开。从任一绑扎接头中心至搭接长度L的1.3倍区域内，受力钢筋截面面积占受力钢筋总截面面积的百分率应符合有关规定，且绑扎接头中钢筋的横向净距不应小于钢筋直径，还需不小于25mm。

⑧在绑扎骨架中非焊接接头长度范围内，当搭接钢筋受拉时，其箍筋间距应不大于M，且应不大于100mm；当受压时，应不大于10d，且应不大于20mm。

三、普通混凝土质量控制

（一）混凝土搅拌质量控制

1.搅拌机的选用

按搅拌原理划分，混凝土搅拌机可分为自落式和强制式两种。在选用搅拌机时，应综合考虑以下因素：

（1）所需拌制混凝土的总量和同时需要混凝土的最大数量。

（2）混凝土的品种和混凝土的流动性。

（3）混凝土粗集料的最大粒径。

（4）混凝土的运输方法。混凝土搅拌机的容量、搅拌能力、搅拌时间等主要技术性能。

2.混凝土搅拌前材料质量

检查在混凝土搅拌前，应对原材料质量进行检查，合格原材料才能使用。

3.混凝土工程的施工配料计量

在混凝土工程的施工中，混凝土质量与配料计量控制关系密切，但在施工现场有关人员为图方便，往往是骨料按体积比例确定，加水量凭经验由人工控制，这样造成拌制的混凝土离散性很大，难以保证混凝土的质量，故混凝土的施工配料计量须符合下列规定：

（1）水泥、砂、石子、混合料等干料的配合比，应采用重量法计量。

（2）水的计量：必须在搅拌机上配置水箱或定量水表。

（3）外加剂中的粉剂可按水泥计量的一定比例先与水泥拌匀，在搅拌时加入；溶液掺入先按比例稀释，按用水量加入。

（4）混凝土原材料每盘称量的偏差，水泥及掺和料不得超过±2%。粗、细骨料不得超过±3%，水和外加剂不得超过±2%。

4.首拌混凝土的操作要求

搅拌第一盘混凝土是搅拌整个混凝土操作的基础，其操作要求如下：

（1）空车运转的检查：旋转方向是否与机身箭头一致；空车转速约比重车快2～3r/min；检查时间2～3min。

（2）上料前应先启动，待正常运转后方可进料。

（3）为补偿黏附在机内的砂浆，第一盘减少石子约30%；或多加水泥、砂各15%。

5.搅拌时间的控制

搅拌混凝土的目的是使所有骨料表面都涂满水泥浆，从而使混凝土各种材料混合成匀质体。因此，必需的搅拌时间与搅拌机类型、容量和配合比有关。

（二）混凝土浇捣质量控制

1.混凝土浇捣前的准备

（1）对模板、支架、钢筋、预埋螺栓、预埋铁的质量、数量、位置逐一检查，并做好记录。

（2）应清除与混凝土直接接触的模板、地基基土。未风化的岩石上的淤泥和杂物，用水湿润。地基基土应有排水和防水措施。模板中的缝隙和孔应堵严。

（3）对于浇筑梁、板等水平构件，混凝土自由倾落高度不宜超过2m。对于浇筑柱、墙等竖向构件，混凝土自由倾落高度不宜超过3m。根据工程需要和气候特点，应准备好抽水设备、防雨设备等。

2.浇捣过程中的质量要求

（1）分层浇捣时间间隔。

①分层浇捣是为了保证混凝土的整体性，浇捣工作原则上要求一次完成；但由于振捣机具性能、配筋等原因，当混凝土需要分层浇捣时，其浇筑层的厚度应符合相应规定。

②浇捣的时间间隔：浇捣应连续进行，必须间歇时，其间歇时间应尽量缩短，并应在前层混凝土初凝之前，将次层混凝土浇筑完毕。前层混凝土凝结时间不得超过相关规定，否则应留施工缝。

（2）采用振动器振实混凝土时，每一振点的振捣时间，应至将混凝土振实至呈现浮浆和不再沉落为止。

（3）在浇筑与柱和墙连成整体的梁与板时，应在柱和墙浇捣完毕后停歇1～1.5h，再继续浇筑，梁和板宜同时浇筑混凝土。大体积混凝土的浇筑应按施工方案合理分段、分层进行，浇筑应在室外气温较高时进行，但混凝土浇筑温度不宜超过35℃。

3.施工缝的位置设置与处理

（1）施工缝的设置

混凝土施工缝的位置宜留在剪力较小且便于施工的部位。柱应留水平缝，梁、板、墙应留竖直缝，具体要求如下：

①柱子留置在基础的顶面,梁和吊车梁牛腿的下面,吊车梁的上面,无梁楼板柱帽的下面。

②与板连成整体的大截面梁,留置在板底面以下20～30mm处;当板下有梁托时,留在梁托下部。

③单向板留置在平行于板的任何位置。

④有主次梁的楼板,宜顺着次梁方向浇筑,施工缝应留置在次梁跨度的中间1/3范围内。

⑤双向受力板、大体积结构、拱、薄壳、蓄水池及其他结构复杂的工程,施工缝的位置应按设计要求留置。施工缝应与模板成90°。

(2)施工缝的处理

在混凝土施工缝处继续浇筑混凝土时,应满足下列要求:

①已浇筑的混凝土,其抗压强度不小于1.2N/mm²。

②在已硬化的混凝土表面浇筑混凝土前,应清除水泥薄膜和松动石子及软弱混凝土层,并加以充分湿润(一般湿润构件的时间不宜小于24h)和冲洗干净,且不得积水。

③在浇筑混凝土前,宜先在施工缝处铺一层10～15mm厚的水泥砂浆或与混凝土内成分相同的水泥砂浆。混凝土应细致捣实,使新、旧混凝土紧密结合,同时加强施工缝处的保湿养护。

(三)混凝土养护质量控制

混凝土的养护应在混凝土浇筑完毕后的12h以内,对混凝土加以覆盖和保温养护。

1.根据气候条件,洒水次数应能使混凝土处于湿润状态。养护用水应与拌制用水相同。用塑料布覆盖养护,应全面将混凝土盖严,并保持塑料布内有凝结水。

2.当日平均气温低于5℃时,不应洒水。对不便洒水和覆盖养护的,宜涂刷保护层(如薄膜养生液等)养护,减少混凝土内部水分蒸发。

3.混凝土养护时间应根据所用水泥品种确定。采用硅酸盐水泥、普通硅酸盐水泥拌制的混凝土,养护时间不应少于7d。对掺用缓凝型外加剂或有抗渗性能要求的混凝土,养护时间不应少于14d。

4.养护期间,当混凝土强度小于1.2MPa时,不应进行后续施工。

四、高强混凝土质量控制

(一)原材料质量

1.水泥

水泥作为胶结材料,是影响混凝土强度的主要因素,混凝土的强度破坏往往是从水泥石与骨料黏结界面开始，并穿过水泥石本身，因此，混凝土的强度主要取决于水泥石与骨料之间的黏结力与水泥石本身的强度，提高水泥强度、增加水泥用量是提高水泥石强度和提高水泥石与骨料之间黏结力的重要保证——水泥强度等级一般应为混凝土设计强度标准值的0.9～1.5倍，一般应采用强度不低于42.5MPa的硅酸盐水泥、普通硅酸盐水泥、高铝水泥、快硬高强水泥，水泥用量一般应不低于450kg/m³，且不大于550kg/m³。

2.骨料

应选用坚硬、高强度、密实的优质骨料，岩石骨料的抗压强度与设计要求的混凝土强度等级的比值应不小于1.5。粗骨料应选用近似方形的碎石，避免用天然卵石，最好选用花岗石、辉绿岩，其中石灰岩碎石与水泥浆要有良好的黏结性。配制高强混凝土时，其强度会随着粗骨料粒径加大而降低，粒径较小能增加与砂浆接触面积，受力均匀，减少骨料与水泥砂浆收缩差，减少粗骨料表面产生的微裂缝，石子最大粒径应控制在25mm以内。针片状颗粒含量不宜大于5%，含泥量不应大于0.5%，泥块含量不宜大于0.2%。采用质地坚硬级配良好的中砂，细度模数宜为2.6～3.0，含泥量不超过2%，泥块含量不应大于0.5%。配制高强混凝土的碎石应具有连续级配，若不能保证，可用两种或两种以上不同粒径的碎石相配合，以便使砂石骨料的空隙率尽量减小，争取在20%～22%之间。

3.活性掺和料

为了改善高强混凝土性能，减少水泥用量，可以掺加一定数量的粉煤灰、硅粉、磨细的粒化高炉矿渣等矿物掺和料。粉煤灰应采用Ⅰ级或Ⅱ级，并磨细，掺量为水泥质量的15%～30%。质量要求：烧失量小于5%，细度为通过45μm筛孔量不少于总量的66%，MgO含量小于5%，SO_3含量小于3%。水泥和矿物掺和料的总量不应大于600kg/m³。

4.高效减水剂

降低水灰比、减少单位用水量是获得高强度混凝土的主要条件，对C50～C80混凝土，一般须将水胶比控制在0.4之下，宜在0.25～0.38之间，在这样水胶比较小的情况下，为了使混凝土拌和物满足泵送施工和易性要求，高效减水剂的减水率一般为25%～30%，对C60～C80高强混凝土，单位用水量可控制在150～180kg。

（二）高强混凝土的施工

高强混凝土施工除应按普通混凝土施工工艺要求执行外，尚应特别注意如下几点：

1.对于施工拌和加料严格控制配合比，各种原材料称量误差不应超过以下规定：水泥土为±2%，活性矿物掺和料为±1%，粗细骨料为±3%，高效减水剂为±0.1%。

2.应采用强制式搅拌机搅拌，搅拌时投料顺序要合理，高效减水剂不能直接投入干料中与水泥接触，可在已投入搅拌机斗内的拌和物加水搅拌1～2min后掺入，或将高效减水剂加入水中，搅匀后同拌和水一起掺入混凝土拌和物中；搅拌时间可适当延长，但不能过长，尽量缩短运输时间，以免搅拌和运输时间过长使混凝土的含气量增加，对 C60 以上混凝土，每增加 1% 含气量，其强度将降低 5%，若搅拌时间过短则不易搅拌均匀，影响和易性。

3. 采用泵送施工时，为了减少泵送管道的黏着摩阻力，要控制水泥用量，用量一般不超过 500kg/m³，当超过用量时，可用 5% ~ 10% 的粉煤灰替代，每掺 1kg 粉煤灰可替代 0.5kg 水泥。

4. 应采用高频振捣器振捣密实，浇筑后 8h 内应覆盖保水养护，之后浇水养护时间不少于 14d，由于高强混凝土水灰比小、水泥用量大，浇水养护既有利于强度增长，又可减少蒸发失水，减少混凝土收缩，避免干缩裂缝。

5. 配制高强混凝土所用水泥强度等级高，水泥颗粒细、用量大，水泥产生的水化热较大，使构件（特别是截面面积较大的构件）内部温度较高，为了减少构件表里温差，脱模时要采取保温措施，控制构件表面与大气的温差不大于 20℃，防止急骤降温，否则在其表面容易产生温度裂缝。

五、预应力混凝土质量控制

（一）原材料质量

1. 在对锚具、夹具及连接器进场验收时，应按出厂合格证和质量证明书核查其锚固性能类别、型号、规格、数量，确认无误后进行外观检查、硬度检验和静载锚固性能试验。

2. 预应力筋应符合现行国家标准、规范的规定，进场时应对其质量证明文件、包装、标志和规格等进行检验，并应按规定对表面质量、力学性能等进行检验。

3. 管道进场时，应检查出厂合格证和质量保证书，核对其类别、型号、规格和数量，应对外观、尺寸、集中荷载下的径向刚度、荷载作用后的抗渗及抗弯曲渗漏等进行检验。

4. 预应力混凝土应优先采用硅酸盐水泥、普通硅酸盐水泥，不宜使用矿渣硅酸盐水泥，不得使用火山灰硅酸盐水泥及粉煤灰硅酸盐水泥。粗骨料应采用碎石，其粒径宜为 5 ~ 25mm。混凝土中水泥用量不宜大于 550kg/m³，严禁使用含氯化物的外加剂。

（二）下料与安装

1. 预应力筋及孔道的品种、规格、数量必须符合设计要求。

2. 预应力筋下料长度应经计算，并考虑模具尺寸及张拉千斤顶所需长度；严禁使用焊条电弧焊切割。

3. 锚垫板和螺旋筋安装位置应准确，保证预应力筋与锚垫板面垂直。锚板受力中心应与预应力筋合力中心一致。

4.管道安装应严格按照设计要求确定位置，曲线平滑、平顺；架立筋应绑扎牢固，管道接头应严密，不得漏浆。管道应留压浆孔和溢浆孔。

5.在预应力筋及管道安装时应避免电焊火花等造成损伤。在预应力筋穿束时宜用卷扬机整束牵引，应依据具体情况采用先穿法或后穿法，但必须保证预应力筋平顺，没有扭绞现象。

（三）张拉与锚固

1.张拉时，混凝土强度、张拉顺序和工艺应符合设计要求和相关规范的规定。张拉前应根据设计要求对孔道的摩阻损失进行实测，以便确定张拉控制应力，并确定预应力筋的理论伸长值。

2.张拉时应逐渐加大拉力，不得突然加大拉力，以保证应力正确传递。张拉过程中，先张预应力筋的断丝、断筋数量和后张预应力筋的滑丝、断丝、断筋数量不得超过现行相关规范的规定。

3.张拉施工质量控制应做到"六不张拉"，即没有预应力筋出厂材料合格证，预应力筋规格不符合设计要求，配套件不符合设计要求，张拉前交底不清，准备工作不充分、安全设施未做好，混凝土强度达不到设计要求，不张拉。

4.张拉控制应力达到稳定后方可锚固，锚固后预应力筋的外露长度不宜小于30mm，对锚具应采用封端混凝土保护，当须较长时间外露时，应采取防锈蚀措施。锚固完毕经检验合格后，方可切割端头多余的预应力筋，严禁使用焊条电弧焊切割。

（四）压浆与封锚

1.张拉后，应及时进行孔道压浆，宜采用真空辅助法压浆；水泥浆的强度应符合设计要求，且不得低于30MPa。

2.压浆时排气孔、排水孔应有水泥浓浆溢出。应从检查孔抽查压浆的密实情况，若有不实，则应及时处理。

3.压浆过程中及压浆后48h内，结构混凝土的温度不得低于5℃。当白天气温高于35℃时，压浆宜在夜间进行。压浆后应及时浇筑封锚混凝土。封锚混凝土的强度应符合设计要求，不宜低于结构混凝土强度等级的80%，且不得低于30MPa。

六、砌筑工程质量控制

（一）砌筑施工过程的检查项目

1.检查测量放线的测量结果并进行复核，标志板、皮数杆应位置准确，设置牢固。检查砂浆拌制的质量、砂浆配合比、和易性应符合设计及施工要求。砂浆应随拌随用，常温下水泥和水泥混合砂浆应分别在3h和4h内用完，当温度高于30℃时，应再提前1h。

2.检查砖的含水率，应提前1～2d浇水使砖湿润。普通砖、多孔砖的含水率宜为10%～15%，灰砂砖、粉煤灰砖宜为8%～12%，现场可断砖以水浸入砖10～15mm深为宜。

3.检查砂浆的强度。应在砂浆拌制地点留置砂浆强度试块，各类型及强度等级的砌筑砂浆每一检验批不超过250m³的砌体，每台搅拌机应至少制作一组试块（每组6块），其标准养护28d的抗压强度应满足设计要求。

4.检查砌体的组砌形式。保证上下皮砖至少错开1/4的砖长，避免产生通缝。检查砌体的砌筑方法，应采取"三一"砌筑法。

5.施工过程中应检查是否按规定挂线砌筑，随时检查墙体平整度和垂直度，采取"三皮一吊、五皮一靠"的检查方法，保证墙面的横平竖直。

6.检查砂浆的饱满度。水平灰缝饱满度应达到80%，每层每轴线应检查1～2次，出现问题时应加大频度两倍以上。竖向灰缝不得出现透明缝、瞎缝和假缝。

7.检查转角处和交接处的砌筑及接槎的质量。施工中应尽量保证墙体同时砌筑，以提高砌体结构的整体性和抗震性。检查时要注意砌体的转角处和交接处应同时砌筑，严禁无可靠措施的内外墙分砌施工。对不能同时砌筑而又必须留置的临时间断处应砌成斜槎，斜槎水平投影长度不应小于高度的2/3。当不能留斜槎时，除转角处外，也可留直槎（阳槎）。

（二）小型砌块工程质量要求

1.砌块的品种、强度等级必须符合设计要求。

2.砂浆品种必须符合设计要求，强度等级必须符合下列规定：

（1）同一验收批砂浆立方体抗压强度的各组平均值应大于或等于验收批砂浆设计强度等级所对应的立方体抗压强度。

（2）同一验收批中砂浆立方体抗压强度的最小一组平均值应大于或等于0.75倍验收批砂浆设计强度等级所对应的立方体抗压强度。

3.砌体砂浆必须密实饱满，水平灰缝的砂浆饱满度应按净面积计算，不得低于90%，竖向灰缝的砂浆饱满度不得低于80%。砌体的水平灰缝厚度和竖直灰缝宽度应控制在8～12mm，砌筑时的铺灰长度不得超80mm，严禁用水冲浆灌缝。

4.对设计规定的洞口、管道、沟槽和预埋件等，应在砌筑时预留或预埋，严禁在砌好的墙体上打凿。在小砌块墙体中不得预留水平沟槽。

5.外墙的转角处严禁留直槎，其他临时间断处留槎的做法必须符合相应小砌块的技术规程。接槎处砂浆应密实，灰缝、砌块平直。

6.小砌块缺少辅助规格时，墙体通缝不得超过两皮砌块高。预埋拉结筋的数量、长度及留置要符合设计要求。

7.清水墙组砌正确，墙面整洁，刮缝深度适宜。

七、钢结构工程质量控制

（一）原材料及成品进场

钢材、焊接材料、连接用紧固标准件、焊接球、螺栓球、封板、锥头、套筒、金属压型钢板、涂装材料、橡胶垫及其他特殊材料的品种、规格、性能等应符合现行国家产品标准及设计要求，其中，进口钢材产品的质量应符合设计和合同规定标准的要求，主要通过产品质量的合格证明文件、中文标志和检验报告（包括抽样复验报告）等进行检查。

（二）钢结构焊接工程

其主要检查焊工合格证及其有效期和认可范围，焊接材料、焊钉（栓钉）烘焙记录，焊接工艺评定报告，焊缝外观、尺寸及探伤记录，焊缝焊前预热、焊后热处理施工记录和工艺试验报告等是否符合设计标准和规范要求。

（三）紧固件连接工程

其主要检查紧固件和连接钢材的品种、规格、型号、级别、尺寸、外观及匹配情况，普通螺栓的拧紧顺序、拧紧情况、外露丝扣，高强度螺栓连接摩擦面抗滑移系数试验报告和复验报告、扭矩扳手标定记录、紧固顺序、转角或扭矩（初拧、复拧、终拧）、螺栓外露丝扣等是否符合设计和规范要求。普通螺栓作为永久性连接螺栓时，当设计有要求或对其质量有疑义时，应检查螺栓实物复验报告。

（四）钢零件及钢部件加工

其主要检查钢材切割面或剪切面的平面度、割纹和缺口的深度、边缘缺棱情况、型钢端部垂直度、构件几何尺寸偏差、矫正工艺和温度、弯曲加工及其间隙、刨边允许偏差和粗糙度、螺栓孔质量（包括精度、直径、边距等）、管和球的加工质量等是否符合设计和规范的要求。

（五）钢结构安装

其主要检查钢结构零件及部件的制作质量、地脚螺栓及预留孔情况、安装平面轴线位置、标高、垂直度、平面弯曲、单元拼接长度与整体长度、支座中心偏移与高差、钢结构安装完成后环境影响造成的自然变形、节点平面紧贴的情况、垫铁的位置及数量等是否符合设计和规范的要求。

（六）钢结构涂装工程

防腐涂料、涂装遍数、间隔时间、涂层厚度及涂装前钢材表面处理应符合设计要求和国家现行有关标准，防火涂料黏结强度、抗压强度、涂装厚度、表面裂纹宽度及涂装前钢材表面处理和防锈涂装等应符合设计要求和国家现行有关标准。

（七）其他

钢结构施工过程中，用于临时加固、支撑的钢构件，其原材料、加工制作、焊接、安装、防腐等应符合相关技术标准和规范的要求。

第四节　防水及保温工程质量控制要点

一、防水工程质量控制要点

（一）地下工程混凝土自防水质量控制

1.用与防水混凝土相同的混凝土块或砂浆块做成垫块垫牢钢筋，以保证保护层厚度。

2.严格控制各种材料用量，不得任意增减。对各种外加剂应稀释成较小浓度的溶液后，再加入搅拌机内。

3.防水混凝土必须用搅拌机搅拌，搅拌时间应不小于2min，掺加外加剂时，应根据外加剂的技术要求确定搅拌时间。

4.使用防水混凝土，尤其在高温季节使用时，必须加强检测混凝土的水灰比和坍落度。对于加气剂防水混凝土，还需要抽查混凝土拌和物的含气量，使其严格控制在3%～5%范围内。浇筑混凝土前应清除模板内杂物，木模还应用清水湿润，保持模板表面清洁、无浮浆。浇筑高度不超过2m，分层浇筑时，每层厚度不大于250mm。

5.防水混凝土振捣必须采用高频机械振捣器，振捣时间宜为20～30s，以混凝土泛浆和不冒气泡为准，应避免漏振、欠振和过振。振捣器插入间距不大于500mm，并且插入下层混凝土内的深度不小于50mm。

（二）地下工程卷材防水质量控制

1.地下工程卷材防水所使用的合成高分子防水卷材和新型沥青防水卷材的材质证明必须齐全。

2.防水卷材进场后，应对材质分批进行抽样复检，其技术性能指标必须符合所用卷材规定的质量要求。

3.防水施工的每道工序必须经检查验收，合格后方能进行后续工序的施工。

4.卷材防水层必须确认无任何渗漏隐患后方能覆盖隐蔽。卷材与卷材之间的搭接宽度必须符合要求。搭接缝必须进行嵌缝，宽度不得小于10mm，并且必须用封口条对搭接缝进行封口和密封处理。

5.防水层不允许有皱褶、孔洞、脱层、滑移和虚黏等现象存在。

6.地下工程防水施工必须做好隐蔽工程记录，预埋件和隐蔽物须变更设计方案时，必须有工程洽商单。

（三）地下工程涂膜防水质量控制

1.涂膜防水材料的技术性能指标必须符合合成高分子防水涂料的质量要求和高聚物碱性沥青防水涂料的质量要求。

2.进场防水涂料的材质证明文件必须齐全，这些文件中所列出的技术性能数据必须和现场取样进行检测的试验报告及其他有关质量证明文件中的数据相符合。

3.涂膜防水层必须形成一个完整的闭合防水整体，不允许有开裂、脱落、气泡、粉裂点和末端收头密封不严等缺陷存在。

4.涂膜防水层必须均匀固化，不应有明显的凹坑、凸起等，涂膜的厚度应均匀一致，合成高分子防水涂料的总厚度应不小于2mm；无胎体硅橡胶防水涂膜的厚度不宜小于1.2m，用于复合防水时不应小于1mm；高聚物性碱沥青防水涂膜的厚度不应小于3mm，用于复合防水时不应小于1.5mm。涂膜的厚度，可用针刺法或测厚法进行检查，针眼处用涂料覆盖，以防基层结构发生局部位移时将针眼拉大，留下渗漏隐患，必要时也可选点割开检查，割开处用同种涂料填刮平修复，此后再用胎体增强材料补强。

（四）屋面卷材防水质量控制

1.屋面不得有渗漏和积水现象。屋面工程所用的合成高分子防水卷材必须符合质量标准和设计要求，以便能达到设计所规定的耐久使用年限。

2.坡屋面和平屋面的坡度必须准确，坡度的大小必须符合设计要求，平屋面不得出现排水不畅和局部积水的现象。

3.找平层应平整、坚固，表面不得有酥软、起砂、起皮等现象，平整度误差不应超过5mm。

4.屋面的细部构造和节点是防水的关键部位，所以其做法必须符合设计要求和规范的规定：节点处的封闭应严密，不得开缝、翘边、脱落；水落口及突出屋面设施与屋面连接处应固定牢靠，密封严实。

5.绿豆砂、细砂、蛭石、云母等松散材料保护层和涂料保护层覆盖应均匀，黏结应牢固；刚性整体保护层与防水层之间应设隔离层；块体保护层应铺砌平整，勾缝平密，分格缝的留设位置、宽度应正确。

6.卷材铺贴方法、方向和搭接顺序应符合规定，搭接宽度应正确，卷材与基层、卷材与卷材之间黏结应牢固，接缝缝口、节点部位密封应严密，无皱褶、鼓包、翘边。保温层厚度、含水率、表观密度应符合设计要求。

（五）屋面涂膜防水质量控制

1.屋面不得有渗漏和积水现象，为保证屋面涂膜防水层的使用年限，所用防水涂料应符合质量标准和涂膜防水的设计要求。

2.屋面坡度应准确，排水系统应通畅，找平层表面平整度应符合要求，不得有疏松、起砂、起皮、尖锐棱角等现象。

3.细部节点做法应符合设计要求，封固应严密，不得开缝、翘边，水落口及突出屋面设施与屋面连接处应固定牢靠、密封严实。

4.涂膜防水层不应有裂纹、脱皮、流淌、鼓包、胎体外露和皱皮等现象，与基层应黏结牢固，厚度应符合规范要求。

5.胎体材料的敷设方法和搭接方法应符合要求，上下层胎体不得互相垂直敷设，搭接缝应错开，间距不应小于幅宽的1/3。

6.松散材料保护层、涂料保护层应覆盖均匀、严密，黏结牢固；刚性整体保护层与防水层间应设置隔离层，其表面分格缝的留设应正确。

二、保温节能工程质量控制要点

（一）聚苯板（EPS板）薄抹灰外墙外保温质量控制

1.基层墙体的处理

（1）基层墙体必须清理干净，墙面应无油、灰尘、污垢、隔离剂、风化物、涂料、防水剂、霜、泥土等污染物或其他有碍黏结的材料，并应剔除墙面的凸出物，再用水冲洗墙面，使之清洁、平整。

（2）清除基层墙体中松动或风化的部分，用水泥砂浆填充后找平。

（3）基层墙的表面平整度不符合要求时，可用1：3水泥砂浆找平。

（4）既有建筑进行保温改造时，应彻底清除原有外墙饰面层，露出基层墙体表面，并按上述方法进行处理。基层墙体处理完毕后，应将墙面略微湿润，以备进行粘贴聚苯板工序的施工。

2.粘贴聚苯板

（1）根据设计图的要求，在经平整处理的外墙面上沿散水标高，用墨线弹出散水水平线。当须设置系统变形缝时，应在墙面相应位置弹出变形缝及其宽度线，标出聚苯板的粘贴位置。

（2）聚苯板在抹完黏结胶浆后，应立即将板平贴在基层墙体墙面上滑动就位粘贴时动作应轻柔，均匀挤压。为了保持墙面平整度，应随时用一根长度超过2m的靠尺进行压平操作。

（3）应由建筑外墙勒脚部位开始，由下而上，沿水平方向横向敷设聚苯板，每排板互相错缝1/2板长。

（4）聚苯板贴牢后，应随时用专用抹子将板边的不平处搓平，尽量减少板与板间的高差接缝。当板缝间隙大于1.6mm时，则应切割聚苯板条将缝填实后磨平。

（5）在外墙转角部位，上、下排聚苯板的竖向接缝应垂直交错连接，保证转角处板材安装的垂直度，并将标有厂名的板边露在外侧。门窗洞口四角处聚苯板接缝离开角部至少200mm。

（6）粘贴上墙后的聚苯板应用粗砂纸磨平，然后再将整个聚苯板面打磨一遍，打磨时，散落的碎屑粉尘应随时用刷子、扫把或压缩空气清理干净，操作工人应戴防护面具。

3.薄抹一层抹面胶浆

涂抹抹面胶浆前，应先检查聚苯板是否干燥，表面是否平整，去除板面的有害物质、杂质，并用细麻面的木抹子将聚苯板表面扫毛，并扫净聚苯浮屑。

4.贴压玻纤网布

（1）在薄层抹面胶浆上从上而下铺贴标准玻纤网布。

（2）网布应平整、不皱褶，网布对接，用木抹子将网布压入抹面胶浆内。

（3）对于设计切成V形或U形的分格缝，网布不应切断，应将网布压入V形或U形分格缝内，用抹面胶浆在表面做成V形或U形缝。

5.抹面胶浆找平

贴压网布后再用抹面胶浆在网布表面薄抹一层，找平。

6.锚栓使用注意事项

1.当采用点粘方式固定聚苯板时，锚栓应钉在粘胶点上，否则会使聚苯板因受压而产生弯曲变形，对保温系统产生不利影响。

2.宜在粘胶点硬化后再钉锚栓。如果要在粘贴保温板的同时用锚栓临时帮助固定，固定锚栓时应适当掌握紧固压力，以保证保温板粘贴的平整度。

3.应根据不同的基层墙体选用不同类型的锚栓。锚栓在基层墙体中应有一定的锚固深度。

（二）现浇保温材料的屋面节能工程质量控制

1. 清理基层

将基层表面的浮灰、油污、杂物等清理干净。

2. 拌和

（1）沥青、膨胀珍珠岩配合比为（重量比）1∶0.7～1∶0.8，拌和时，先将膨胀珍珠岩散料倒在锅内加热并不断翻动，预热温度宜为100℃～120℃。然后倒入已熬好的沥青中拌和均匀。沥青在熬制过程中，要注意加热温度不应高于240℃，使用温度不宜低于190℃。

（2）沥青膨胀珍珠岩宜用机械进行拌和，拌和以色泽均匀一致、无沥青团为宜。

3. 敷设保温层

（1）敷设保温层时，应采取分仓法施工，每仓宽度为700～900mm，可采用木板分隔控制宽度和厚度。

（2）保温层的虚铺厚度和压实厚度应根据试验确定，一般虚铺要求为设计厚度的130%（不包括找平层），铺好后用木板拍实抹平至设计厚度。压实程度应一致，且表面平整。敷设时，应尽可能使膨胀珍珠岩的层理平面与敷设平面平行。

4. 抹找平层沥青膨胀珍珠岩压实抹平并进行验收后，应及时施工找平层。找平层配合比为：水泥∶粗砂∶细砂=1∶2∶1，稠度为70～80mm（成粥状）。找平层初凝后应洒水养护。

第七章 建设工程施工安全生产模块控制

随着中国市场的竞争愈加激烈，建筑行业逐渐成为高风险行业之一，并且产生了较多的隐患。工程施工环境复杂，流动性强，种类繁多，特种作业多，工作量大，已逐渐成为一个高风险行业。施工安全隐患不仅容易造成人身伤害，还会造成经济损失，影响企业的整体声誉。因此，在建筑工程实施中，应该加强对施工的安全管理，努力把握其特点和难点，确保安全施工。

第一节 安全专项施工方案

一、安全专项施工方案的编制范围

（一）基坑支护、降水工程

开挖深度超过3m（含3m）或虽未超过3m但地质条件和周边环境复杂的基坑（槽）支护工程、降水工程。

（二）土方开挖工程

开挖深度超过3m（含3m）的基坑（槽）的土方开挖工程。

（三）模板工程及支撑体系

1.各类工具式模板工程：包括大模板、滑模、爬模、飞模等工程。

2.混凝土模板支撑工程：搭设高度5m及以上，搭设跨度10m及以上，施工总荷载10kN/m² 及以上，集中线荷载15kN/m² 及以上，高度大于支撑水平投影宽度且相对独立、无联系构件的混凝土模板支撑工程。

3.重支撑体系：用于钢结构安装等满堂支撑体系。

（四）起重吊装及安装拆卸工程

1.采用非常规起重设备、方法，且单件起吊重量在10kN及以上的起重吊装工程。

2.采用起重机械进行安装的工程。起重机械设备自身的安装、拆卸。

（五）脚手架工程

1.搭设高度24m及以上的落地式钢管脚手架工程。

2.附着式整体脚手架工程和分片提升脚手架工程。

3.悬挑式脚手架工程。

4.吊篮脚手架工程。

5.自制卸料平台、移动操作平台工程。

6.新型及异型脚手架工程。

（六）拆除、爆破工程

1.建筑物、构筑物拆除工程。

2.采用爆破拆除的工程。

（七）其他

1.建筑幕墙安装工程。

2.钢结构、网架和索膜结构安装工程。

3.人工挖、扩孔桩工程。

4.地下暗挖、顶管及水下作业工程。

5.预应力工程。

6.采用新技术、新工艺、新材料、新设备及尚无相关技术标准的危险性较大的分部、分项工程。

二、专家论证的安全专项施工方案的范围

1.深基坑工程。开挖深度超过5m（含5m）或地下室三层（含三层）以上，或深度虽未超过5m，但地质条件和周围环境及地下管线极其复杂的工程。

2.地下暗挖工程。地下暗挖及遇有溶洞、暗河、瓦斯、岩爆、涌泥、断层等地质复杂的隧道工程。

3.高大模板工程。水平混凝土构件模板支撑系统高度超过8m，或跨度超过18m，施工总荷载大于10kN/m²，或集中线荷载大于15kN/m的模板支撑系统。

4.30m及以上高空作业的工程。

5.大江、大河中深水作业的工程。

三、安全专项施工方案的编制

（一）安全专项施工方案编审要求的一般规定

1.施工单位应当在危险性较大的分部、分项工程施工前编制安全专项施工方案；对于超过一定规模的危险性较大的分部、分项工程，施工单位应当组织专家对安全专项施工方案进行论证。

2.建筑工程实行施工总承包的，安全专项施工方案应当由施工总承包单位组织编制。其中，起重机械安装拆卸工程、深基坑工程、附着式升降脚手架等专业工程实行分包的，其安全专项施工方案可由专业承包单位组织编制。

3.施工单位应当根据国家现行相关标准规范，由项目技术负责人组织相关专业技术人员结合工程实际编制安全专项施工方案。

4.安全专项施工方案应当由施工单位技术部门组织本单位施工技术、安全、质量部门的专业技术人员进行审核。经审核合格的，由施工单位技术负责人签字。实行施工总承包的，安全专项施工方案应当由总承包单位技术负责人及相关专业承包单位技术负责人签字。经审核合格后报监理单位，由项目总监理工程师审查、签字。

5.超过一定规模的危险性较大的分部、分项工程安全专项施工方案，应当由施工单位组织专家组对已编制的安全专项施工方案进行论证审查。

专家组成员应由5名及以上符合相关专业要求的专家组成。

专家组应当对论证的内容提出明确的意见，形成论证报告，并在论证报告上签字。论证审查报告作为安全专项施工方案的附件。

6.施工单位应根据论证报告修改完善安全专项施工方案，报专家组组长认可后，经施工单位技术负责人、项目总监理工程师、建设单位项目负责人签字后，方可组织实施。施工单位应当严格按照安全专项施工方案组织施工，不得擅自修改、调整安全专项施工方案。

7.若因设计、结构、外部环境等因素发生变化确须修改的，修改后的安全专项施工方案应当重新履行审核批准手续。对于超过一定规模的危险性较大工程的安全专项施工方案，施工单位应当重新组织专家进行论证。

8.对于按规定需要验收的危险性较大的分部、分项工程，施工单位、监理单位应当组织有关人员进行验收。验收合格的，经施工单位项目技术负责人及项目总监理工程师签字后，方可进入下一道工序。

9.各安全专项施工方案由项目部收集成册，作为资料附件。

（二）安全专项施工方案编制基本内容

安全专项施工方案编制基本内容，见表7-1。

表7-1 安全专项施工方案编制基本内容

项目	主要内容
工程概况	危险性较大的分部、分项工程概况、施工平面布置、施工要求和技术保证条件。
编制依据	相关法律、法规、规范性文件、标准、规范及图样、施工组织设计等。
施工工艺技术	技术参数、工艺流程、施工方法、检查验收等。
施工计划	包括施工进度计划、材料与设备计划。
劳动力计划	专职安全生产管理人员、特种作业人员等。
施工安全保证措施	组织保障、技术措施、应急预案、监测监控等。

第二节　脚手架工程安全控制要点

一、落地扣件式脚手架的搭设安全要求

（一）落地式脚手架的基础应坚实、平整，并应定期检查

立杆不埋设时，每根立杆底部应确保稳定，架体必须设连墙件。设置垫板或底座，并应设置纵、横向扫地杆。

（二）架体稳定与连墙件

1.架体高度在7m以下时，可设抛撑来保证架体的稳定。

2.架体高度在7m以上，无法设抛撑来保证架体稳定时，必须设连墙件。

3.连墙件的间距应符合下列要求：

（1）扣件式钢管脚手架双排架高在50m以下或单排架高在24m以下，按不大于设置一处；双排架高在50m以上，按不大于$27m^2$设置一处。

（2）门式钢管脚手架架高在45m以下，基本风压小于或等于$0.55kN/m^2$，按不大于$48m^2$设置一处；架高在45m以下，基本风压大于$0.55kN/m^2$，或架高在45m以上，按不大于$24m^2$设置一处。

（3）一字形、开口形脚手架的两端，必须设置连墙件。连墙件必须采用可承受拉力和压力的构造，并与建筑结构连接。

4.连墙件的设置方法、设置位置应在施工方案中确定，并绘制连接详图。连墙件应与脚手架同步搭设。

5.严禁在脚手架使用期间拆除连墙件。

（三）杆件间距与剪刀撑

1.立杆、大横杆、小横杆等杆件间距应符合相应的规定，并应在施工方案中予以确定。当遇到洞口等处需要加大间距时，应按规范进行加固。

2.立杆是脚手架的主要受力杆件，其间距应按施工规范均匀设置，不得随意加大。

3.剪刀撑及横向斜撑的设置应符合下列要求：

（1）扣件式钢管脚手架应沿全高设置剪刀撑。架高在24m以下时，可沿脚手架长度间隔不大于15m设置；架高在24m以上时，应沿脚手架全长连续设置剪刀撑，并应设置横向斜撑，横向斜撑由架底至架顶呈之字形连续布置，沿脚手架长度间隔6跨设置一道。

（2）碗扣式钢管脚手架，架高在24m以下时，在外侧框格总数的1/5设置斜杆；架高在24m以上时，按框格总数的1/3设置斜杆。

（3）门式钢管脚手架的内外两个侧面除应满设交叉支撑杆外，当架高超过20m时，还应在脚手架外侧沿长度和高度连续设置剪刀撑，剪刀撑钢管规格应与门架钢管规格一致，当剪刀撑钢管直径与门架钢管直径不一致时，应用异形扣件连接。

满堂扣件式钢管脚手架除沿脚手架外侧四周和中间设置竖向剪刀撑外，当脚手架高于4m时，还应沿脚手架每两步高度设置一道水平剪刀撑。

每道剪刀撑跨越立杆的根数宜按规定确定。每道剪刀撑宽度不应小于4跨，且不应小于6m，斜杆与地面的倾角宜为45°～60°。剪刀撑跨越立杆的根数与倾角的关系见表7-2。

表7-2 剪刀撑跨越立杆的根数与倾角的关系

剪刀撑斜杆与地面的倾角 α	45°	50°	60°
剪刀撑跨越立杆的最多根数 n/根	7	6	5

（四）扣件式钢管脚手架设置

1.扣件式钢管脚手架的主节点处必须设置横向水平杆，在脚手架使用期间严禁拆除。单排脚手架横向水平杆插入墙内长度不应小于180mm。

2.扣件式钢管脚手架除顶层外立杆杆件接长时，相邻杆件的对接接头不应设在同步内。相邻纵向水平杆的对接接头不宜设置在同步或同跨内。除顶层外，扣件式钢管脚手架立杆接长应采用对接。木脚手架立杆接头搭接长度应跨两根纵向水平杆，且不得小于竹脚手架立杆接头的搭接长度应超过一个步距，并不得小于1.5m。

（五）小横杆设置

1.小横杆的设置位置，应在与立杆与大横杆的交接点处。

2.施工层应根据敷设脚手板的需要增设小横杆。增设的位置视脚手板的长度与设置要求和小横杆的间距综合考虑。转入其他层施工时，增设的小横杆可同脚手板一起拆除。

3.双排脚手架的小横杆必须两端固定，使里、外两片脚手架连成整体。

4.单排脚手架，不适用于半砖墙或180mm墙。

5.小横杆在墙上的支撑长度不应小于240mm。

（六）脚手板与护栏

1.脚手板必须按照脚手架的宽度铺满，板与板之间要靠紧，不得留有空隙，离墙面不得大于200mm。

2.脚手板可采用竹、木或钢脚手板，材质应符合规定的要求，每块质量不宜大于30kg。

3.钢制脚手板应采用2～3mm的Q235钢，长度为1.5～3.6m，宽度为230～250mm，肋高50mm为宜，两端应有连接装置，板面应钻有防滑孔。有裂纹、扭曲的不得使用。

4.木脚手板应用厚度不小于50mm的杉木板或松木板，不得使用脆性木材。木脚手板宽度以200～300mm为宜，凡是腐朽、扭曲、斜纹、破裂和有大横节的不得使用。板的两端80mm处应用镀锌钢丝箍2～3圈或用铁皮钉牢。

5.竹脚手板应采用由毛竹或楠竹制作的竹串片板、竹簸板。竹板必须穿钉牢固，无残缺竹片。

6.脚手板搭接长度不得小于200mm；对头接时应架设双排小横杆，间距不大于200mm。

7.脚手板伸出小横杆以外大于200mm的称为探头板，因其易造成坠落事故，故脚手架上不得有探头板出现。

8.在架子拐弯处脚手板应交叉搭接。垫平脚手板应用木块，并且要钉牢，不得用砖垫。

9.随着脚手架的升高，脚手架外侧应按规定设置密目式安全网，并且必须扎牢、密实，形成全封闭的护立网，防止砖块等物坠落伤人。

10.作业层脚手架外侧及斜道和平台均要设置1.2m高的防护栏杆和180mm高的挡脚板，防止作业人员坠落和脚手板上的物料滚落。

（七）杆件搭接

1.钢管脚手架的立杆需要接长时，应采用对接扣件连接，严禁采用绑扎搭接。

2.钢管脚手架的大横杆需要接长时，可采用对接扣件连接，也可采用搭接，但搭接长度不应小于1m，并应等间距设置3个旋转扣件固定。

3.剪刀撑需要接长时，应采用搭接方法，搭接长度不小于500mm，搭接扣件不少于两个。脚手架的各杆件接头处传力性能差，接头应错开，不得设置在一个平面内。

（八）架体内封闭

1.施工层的下层应满铺脚手板，对施工层的坠落可起到一定的防护作用。

2.当施工层的下层无法敷设脚手板时，应在施工层下挂设安全平网，用于挡住坠落的人或物。平网应与水平面平行或外高里低，一般以15°为宜，网与网之间要拼接严密。

3.除施工层的下层要挂设安全平网外，施工层以下每四层或每隔10m应设一道固定安全平网。

（九）交底与验收

1.脚手架搭设前，工地施工员或安全员应根据施工方案的要求及外脚手架检查评分表检查项目及其扣分标准，结合《建筑安全工人安全操作规程》相关的要求，写成书面交底材料，向持证上岗的架子工进行交底。

2.脚手架通常是在主体工程基本完工时才搭设完毕，即分段搭设、分段使用。脚手架分段搭设完毕后，必须由施工负责人组织有关人员，按照施工方案及相关规范要求进行检查验收。经检查不合格的应立即进行整改。对检查结果及整改情况，应按实测数据进行记录，并由检测人员签字。

（十）通道

1.架体应设置上下通道，供操作工人和有关人员上下，禁止攀爬脚手架。通道也可作少量的轻便材料、构件的运输通道。

2.专供施工人员上下的通道，坡度以1∶3为宜，宽度不得小于1m；作为运输用的通道，坡度以1∶6为宜，宽度不小于1.5m。

3.休息平台设在通道两端转弯处。架体上的通道和平台必须设置防护栏杆、挡脚板及防滑条。

（十一）卸料平台

1.卸料平台是高处作业安全设施，应按有关规范、标准进行单独设计、计算，并绘制搭设施工详图。卸料平台的架杆材料必须满足有关规范、标准的要求。

2.卸料平台必须按照设计施工图搭设，并应制成定型化、工具化的结构。平台上脚手板要铺满，临边要设置防护栏杆和挡脚板，并用密目式安全网封严。

3.卸料平台的支撑系统经过承载力、刚度和稳定性验算，并应自成结构体系，禁止与脚手架连接。卸料平台上应用标牌显著地标出平台允许荷载值，平台上允许的施工人员和物料的总重量，严禁超过设计的允许荷载。

二、悬挑扣件式钢管脚手架的搭设安全要求

悬挑扣件式钢管脚手架设计计算和搭设，除满足落地扣件式脚手架的一般要求外，尚应满足下列要求：

1.斜挑立杆应按施工方案的要求与建筑结构连接牢固，禁止与模板系统的立柱连接。

2.悬挑式脚手架应按施工图搭设。

（1）悬挑梁是悬挑式脚手架的关键构件，对悬挑式脚手架的稳定与安全使用起至关重要的作用，悬挑梁应按立杆的间距布置，设计图对此应有明确规定。

（2）当采用悬挑架结构时、支撑悬挑架架设的结构构件，应能足以承受悬挑架传给它的水平力和垂直力的作用。若根据施工需要只能设置在建筑结构的薄弱部位时，应加固结构，并设拉杆或压杆，将荷载传递给建筑结构的坚固部位。悬挑架与建筑结构的固定方法必须经计算确定。

3.立杆的底部必须支撑在牢固的地方，并采取措施防止立杆底部发生位移。

4.为确保架体的稳定，应按落地式外脚手架的搭设要求，将架体与建筑结构牢固。

5.脚手架施工荷载：结构架为 $3kN/m^2$，装饰架为 $2kN/m^2$，工具式脚手架为 $1kN/m^2$，悬挑式脚手架施工荷载一般可按装饰架计算，施工时严禁超载使用。

6.悬挑式脚手架操作层上，施工荷载要堆放均匀，不应集中，并不得存放大宗材料或过重的设备。

7.悬挑式脚手架立杆间距、倾斜角度应符合施工方案的要求，不得随意更改，脚手架搭设完毕须经有关人员验收合格后，方可投入使用。

8.悬挑式脚手架应分段搭设、分段验收，验收合格并履行有关手续后分段可投入使用。悬挑式脚手架的操作层外侧，应按临边防护的规定设置防护栏杆和挡脚板，防护栏杆由栏杆柱和上下两道横杆组成，上杆距脚手板高度为 1.0～1.2m，下杆距脚手板高度为

0.5～0.6m。在栏杆下边设置严密固定的高度不低于180mm的挡脚板。

9.作业层下应按规定设置一道防护层，防止施工人员或物料坠落。

10.多层悬挑式脚手架应按落地式脚手架的要求，在原作业层上按照脚手板的宽度满铺脚手架，敷设方法应符合规程要求，不得有空档和探头板。

三、门式脚手架工程的安全要求

（一）施工方案的编制要求

1.搭设门式脚手架之前，应根据工程特点和施工条件等编制脚手架施工方案，绘制搭设详图。

2.门式脚手架搭设高度一般不超过45m，若降低施工荷载并缩小连墙杆的间距，则门式脚手架的搭设高度可增至60m。

3.门式脚手架的搭设高度超过60m时，应绘制脚手架分段搭设结构图，并对脚手架的承载力、刚度和稳定性进行设计计算，编写设计计算书。设计计算书应报上级技术负责人审核批准。

（二）架体基础

1.搭设高度在25m以下的门式脚手架，回填土必须分层夯实，铺上厚度不小于50mm的垫木，再在垫木上加设钢管底座，立杆立于底座上。

2.架体搭设高度为25～45m时，应在施工方案中说明脚手架基础的施工方法，若地基为回填土，则应分层夯实，并在地基土上加铺200mm厚的道渣，再铺木垫板或12～16号槽钢。

3.架体搭设高度超过45m时，应根据地耐力对脚手架基础进行设计计算；门式脚手架底部应设置纵横向扫地杆，可减少脚手架的不均匀沉降。

（三）架体稳定

1.门式脚手架应按规定间距与墙体拉结，防止架体变形。搭设高度在45m以下时，连墙杆竖向间距≤6m，水平方向间距≤8m；搭设高度在45m以上时，连墙杆竖向间距≤4m，水平方向间距≤6m。

2.连墙杆的一端固定在门式框架横杆上，另一端伸过墙体，固定在建筑结构上，不得有滑动或松动现象。

3.门式脚手架应设置剪刀撑，以加强整片脚手架的稳定性。当架体高度超过20m时，应在脚手架外侧每隔4步设置一道剪刀撑，沿高度方向与架体同步搭设。

4.剪刀撑与地面夹角为45°～60°。需要接长时，应采用搭接方法，搭接长度不小于500mm，搭接扣件不少于2个。

5.门式脚手架，沿高度方向每隔一步加设一对水平拉杆；凡高度为10～15m的，要设一组缆风绳（4～6根），每增高10m加设一组。缆风绳与地面的夹角应为45°～60°，要单独牢固地挂在地锚上，并用花篮螺栓调节松紧。缆风绳严禁挂在树木、电杆上。

6.门式脚手架搭设自由高度不超过4m。严格控制门式脚手架的垂直度和水平度。首层门架立杆在两个方向的垂直偏差均在2mm以内，顶部水平偏差控制在5mm以内，上下门架立杆对齐，对中偏差不应大于3mm。

（四）杆件、锁件

1.应按说明书的规定组装脚手架，不得遗漏杆件和锁件。上、下门架的组装必须设置连接棒及锁臂。

2.组装门式脚手架时，按说明书的要求拧紧各螺栓，不得松动。各部件的锁臂、搭钩必须处于锁住状态。

3.门架的内、外两侧均应设置交叉支撑，并应与门架立杆上的锁销锁牢。门架安装应自一端向另一端延伸，搭完一步架后，应及时检查、调整门架的水平度和垂直度。

（五）脚手板

1.作业层应连续满铺脚手板，并与门架横梁扣紧或绑牢。

2.脚手板的材质必须符合规范和施工方案的要求。脚手板必须按要求绑牢，不得出现探头板。

（六）架体防护

1.作业层脚手架外侧及斜道和平台均要设置1.2m高的防护栏杆和180mm高的挡脚板，防止作业人员坠落和脚手板上物料滚落。

2.脚手架外侧随着脚手架的升高，应按规牢设置密目式安全网，必须扎牢、密实，形成全封闭的防护立网。

（七）材质

1.门式脚手架是以定型的门式框架为基本构件的脚手架，若其杆件严重变形将难以组装，其承载力、刚度和稳定性都将被削弱，隐患严重，因此，严重变形的杆件不得使用。

2.杆件焊接后不得出现局部开焊现象。

3.门架可根据质量检查按不同情况分为甲、乙、丙三类。

甲类：有轻微变形、损伤、锈蚀，经简单处理后，重新油漆保养可继续使用。

乙类：有一定轻度变形、损伤、锈蚀，但经矫直、平整、更换部件、修复、涂除锈油漆等处理后，可继续使用。

丙类：主要受力杆件变形较严重、锈蚀面积达50%以上、有片状剥落、不能修复和经性能试验不能满足要求的，应报废处理。

（八）荷载

1.门式脚手架施工荷载：结构架为3kN/m^2，装饰架为2kN/m^2。施工时严禁超载使用。

2.脚手架操作层上，施工荷载要堆放均匀，不应集中，并不得存放大宗材料或过重的设备。

（九）通道

1.门式脚手架必须设置供施工人员上下的专用通道，禁止在脚手架外侧随意攀登，以免发生伤亡事故；同时防止支撑杆件变形，影响脚手架的正常使用。

2.通道斜梯应采用挂扣式钢梯，宜采用"之"字形式，一个梯段宜跨越两步或三步。钢梯应设栏杆扶手。

（十）交底与验收

1.脚手架搭设前，项目部应按照脚手架搭设方案及有关规范、标准对作业班组进行安全技术交底。

2.门式脚手架应分层、分段搭设，分层、分段验收，验收合格并履行有关验收手续后，才可投入使用。交底和验收必须有相关记录。

四、脚手架的拆除要求

1.脚手架拆除作业前，应制订详细的拆除施工方案和安全技术措施，并对参加作业的全体人员进行技术安全交底，在统一指挥下，按照确定的方案进行拆除作业。

2.脚手架拆除时，应划分作业区，周围设围护或设立警戒标志，地面设专人指挥，禁止非作业人员入内。

3.一定要按照先上后下、先外后里、先架面材料后构架材料、先辅件后结构件和先结构件后附墙件的顺序，一件一件地松开联结、取出并随即吊下（或集中到毗邻的未拆的架面上，扎捆后吊下）。

4.拆卸脚手板、杆件、门架及其他较长、较重、有两端联结的部件时，必须两人或多人一组进行。禁止单人进行拆卸作业，防止把持杆件不稳、失衡而发生事故。拆除水平杆件时，松开联结后，水平托举取下。拆除立杆时，把稳上端后，再松开下端联结取下。

5.架子工作业时，必须戴安全帽，系安全带，穿胶鞋或软底鞋，所用材料要堆放平稳，工具应随手放入工具袋，上下传递物件时不能抛扔。

6.多人或多组进行拆卸作业时，应加强指挥，并相互询问和协调作业步骤，严禁不按程序进行任意拆卸。

7.因拆除上部或一侧的附墙拉结而使架子不稳时，应加设临时撑拉措施，以防因架子晃动影响作业安全。

8.严禁将拆卸下的杆，部件和材料向地面抛掷。已吊至地面的架设材料应随时运出拆卸区域，保持现场文明。

9.连墙杆应随拆除进度逐层拆除，拆除前，应设立临时支柱。

10.拆除时严禁碰撞附近电源线，以防事故发生。拆下的材料应用绳索拴柱，利用滑轮放下，严禁抛、扔。

11.在拆架过程中，不能中途换人，如需要中途换人时，应将拆除情况交接清楚后方可离开。

第三节　模板及支架安全控制要点

一、模板的组成及支撑的基本要求

（一）模板的组成

模板是混凝土成形的模具，由于混凝土构件类型不同，模板的组成也有所不同，一般由模板、支撑系统和辅助配件三部分构成。

1.模板。模板又叫板面，根据其位置分为底模板（承重模板）和侧模板（非承重模板）两类。

2.支撑系统。支撑是保证模板稳定及位置的受力杆件，分为竖向支撑（立柱）和斜撑。根据材料不同又分为木支撑、钢管支撑；根据搭设方式不同分为工具式支撑和非工具式支撑。

3.辅助配件。辅助配件是加固模板的工具，主要有柱箍、对拉螺栓、拉条和拉带等。

（二）模板及支撑的基本要求

1.要求保证工程结构各部分形状、尺寸和相互位置的正确性；具有足够的承载能力、刚度和稳定性。

2.构造简单，装拆方便，便于施工。

3.接缝严密，不得漏浆。因地制宜，合理选材，用料经济，多次周转。

二、模板安装安全规定

1.楼层高度超过4m或二层及二层以上的建筑物，安装和拆除模板时，周围应设安全网或搭设脚手架和加设防护栏杆。在临街及交通要道地区，还应设警示牌，并设专人维持安全，防止伤及行人。

2.现浇多层房屋和构筑物，应采取分层、分段支模方法，并应符合下列要求：

（1）下层楼板混凝土强度达到1.2MPa以后，才能上料具。料具要分散堆放，不得过分集中。

（2）下层楼板结构的强度达到能承受上层模板、支撑系统和新浇筑混凝土的重量时，方可进行上层模板支撑、浇筑混凝土的工序；否则，下层楼板结构的支撑系统不能拆除，同时上层支架的立柱应对准下层支架的立柱，并敷设木垫板。

（3）如采用悬吊模板、桁架支模方法，支撑结构必须有足够的强度和刚度（须经计算并附计算书）。

3.混凝土输送方法有泵送混凝土，人力挑送混凝土，在浇灌运输道上用手推车、翻斗车运送混凝土等方法，应根据输送混凝土的方法有针对性地制定模板工程的安全设施。

4.支撑模板立柱宜采用钢材，材料的材质应符合有关规定。支撑模板立柱采用木材时，其木材种类可根据各地实际情况选用，立杆的有效尾径不得小于80mm，立杆要顺直，接头数量不得超过30%，且不应集中。

5.当竖向模板和支架的立柱部分安装在基土上时，应加设垫板，且基土必须坚实并有排水设施。对湿陷性黄土，还应有防水措施；对冻胀性土，必须有防冻措施。

6.当极少数立柱长度不足时，应采用相同材料加固、接长，不得采用垫砖增高的方法。

7.当支柱高度小于4m时，应设上、下两道水平撑和垂直剪刀撑。支柱每增高2m再增加一道水平撑，水平撑之间还需要增加一道剪刀撑。

8.当楼层高度超过10m时，模板的支柱应选用长料，同一支柱的连接接头不宜超过两个。

9.模板及其支撑系统在安装过程中，必须设置临时固定设施，严防倾覆。

10.主梁及大跨度梁的立杆应由底到顶整体设置剪刀撑，与地面成45°～60°。设置间距不大于5m，若跨度大于5m，应连续设置剪刀撑。

11.各排立柱应用水平杆纵横拉结，每高2m拉结一次，使各排立杆柱形成一个整体，剪刀撑、水平杆的设置应符合设计要求。

12.立柱间距应经设计计算，支撑立柱时，其间距应符合设计规定。

13.模板上的施工荷载应经设计计算，设计计算时应考虑以下各种荷载效应组合：新浇混凝土自重、钢筋自重、施工人员及施工设备荷载，新浇筑的混凝土对模板的侧压力，倾倒混凝土时产生的荷载，综合以上荷载值再设计模板上施工荷载值。

14.建筑材料要均匀堆放在模板上，若集中堆放，荷载集中，则会导致模板变形，影响构件质量。

15.大模板立放时易倾倒，应采取支撑、围系、绑箍等防倾倒措施，视具体情况而定。长期存放的大模板，应用拉杆连接绑牢。存放在楼层时，须在大模板横梁上挂钢丝绳或用花篮螺栓钩在楼板吊钩或墙体钢筋上。没有支撑或自稳角不足的大模板，要存放在专门的堆放架上或卧倒平放，不应靠在其他模板或构件上。

16.各种模板若露天存放，其下应垫高30cm以上，防止受潮。不论存放在室内或室外，应按不同的规格堆码整齐，用麻绳或镀锌钢丝系稳。模板堆放不得过高，以免倾倒。堆放地点应选择平稳之处，钢模板部件拆除后，临时堆放处离楼层边缘不应小于1m，堆放高度不得超过1m。楼梯边口、通道口、脚手架边缘等处，不得堆放模板。

17.在2m以上高处支模或拆模时要搭设脚手架，满铺架板，使操作人员有可靠的立足点，并应按高处作业、悬空和临边作业的要求采取防护措施。不得站在拉杆、支撑杆上操作，也不得在梁底模上行走操作。

18.浇灌楼层梁、柱混凝土，一般应设浇灌运输道。整体现浇楼面支底模后，浇捣楼面混凝土，不得在底模上用手推车或人力运输混凝土，应在底模上设置运输混凝土的走道垫板，防止底模松动。

19.走道垫板应敷设平稳，垫板两端应用镀锌钢丝扎紧，确保牢固、不松动。

20.各工种进行上、下立体交叉作业时，不得在同一垂直方向上操作。下层作业的位置，必须处于上层高度确定的可能坠落范围半径外。不符合以上条件时，应设置安全防护隔离层。

21.支设悬挑形式的模板时，应有稳定的立足点。支设临空构筑物模板时，应搭设支架。模板上有预留洞时，应在安装后将洞口盖严。

22.操作人员上下通行时，不得攀登模板或脚手架，不许在墙顶、独立梁及其他狭窄而无防护栏的模板面上行走。

23.模板支撑不能固定在脚手架或门窗上，避免发生倒塌或模板位移。

24.冬期施工，应对操作地点和人行通道的冰雪事先清除；雨期施工，对高耸结构的模板作业应安装避雷设施。

25.安装模板时，应先内后外，单面模板就位后，用工具将其支撑牢固。双面板就位后，用拉杆和螺栓固定，未就位和未固定前不得摘钩。

26.里外角模和临时悬挂的面板与大模板必须连接牢固，防止脱开和断裂坠落。

27.在架空输电线路下面安装和拆除组合钢模板时，起重机起重臂、吊物、钢丝绳、外脚手架和操作人员等与架空线路的最小安全距离应符合有关规范的要求。当不能满足最小安全距离要求时，要停电作业；不能停电时，应有隔离防护措施。

三、模板拆除安全规定

1.现浇或预制梁、板、柱混凝土模板拆除前，应有7d和28d龄期强度报告，达到强度要求后，再拆除模板。

2.现浇结构的模板及其支架拆除时的混凝土强度，应符合设计要求；当设计无具体要求时，应符合相关规范规定。

3.进行后张预应力混凝土结构或构件模板拆除时，侧模应在预应力张拉前拆除，其混凝土强度达到侧模拆除条件即可，进行预应力张拉必须待混凝土强度达到设计规定值方可进行，底模必须在预应力张拉完毕时方能拆除。

4.现浇梁柱侧模的拆除，拆模时要确保梁、柱边角的完整，施工班组长应向项目经理部施工负责人口头报告，经同意后再拆除。

5.现浇梁、板，尤其是挑梁、板底模的拆除，施工班、组长应书面报告项目经理部施工负责人，梁、板的混凝土强度达到规定的要求时，报专业监理工程师批准后才能拆除。

6.模板及其支撑系统拆除时，在拆除区域应设置警戒线，且应派专人监护，以防止落物伤人。

7.模板及其支撑系统拆除时，应一次全部拆完，不得留有悬空模板，避免坠落伤人。

8.拆除模板应按方案规定的程序进行，先支的后拆，先拆非承重部分。拆除大跨度梁支撑柱时，应从跨中开始向两端对称进行。

9.大模板拆除前，要用起重机垂直吊牢，然后再进行拆除。

10.拆除薄壳模板时，应从结构中心向四周围均匀放松，向周边对称进行。

11.当立柱水平拉杆超过两层时，应先拆两层以上的水平拉杆，最下一道水平杆与立柱模同时拆除，以确保柱模稳定。

12.模板拆除应按区域逐块进行，定型钢模拆除不得大面积撬落。

13.模板、支撑要随拆随运，严禁随意抛掷，拆除后分类码放。

14.模板拆除前要进行安全技术交底，确保施工过程的安全。

15.工作前，应检查所使用的工具是否牢固：扳手等工具必须用绳锁系挂在身上，工作时思想要集中，防止钉子扎脚和从空中坠落。

16.拆除模板一般采用长撬杠，严禁操作人员站在正拆除的模板下。在拆除楼板模板时，要注意防止整块模板掉下，尤其是用定型模板做平台模板时更要注意，防止模板突然掉落伤人。

17.在混凝土墙体、平板工有预留洞时，模板拆除后，应随即在墙洞上做好安全护栏，或将板的洞口盖严。

18.严禁站在悬臂结构上面敲拆底模。严禁在同一垂直平面上操作。

19.木模板堆放、安装场地附近严禁烟火，须在附近进行电、气焊时，应有可靠的防火措施。

四、大模板安全注意事项

1.平模存放时应满足地区条件要求的自稳角，两块大模板应采取板面对板面的存放方法，长期存放模板，应将模板换成整体。大模板存放在施工楼层上，必须有可靠的防倾倒措施。不得沿外墙围边放置，并垂直于外墙存放。

没有支撑或自稳角不足的大模板，要存放在专用的堆放架上，或者平堆放，不得靠在其他模板或物件上，严防下脚滑移倾倒。

2.模板起吊前，应检查吊装用绳索、卡具及每块模板上的吊环是否完整有效，并应先拆除一切临时支撑，经检查无误后方可起吊。模板起吊前，应将起重机的位置调整适当，做到稳起稳落，就位准确，禁止用人力搬动模板，严防模板大幅度摆动或碰倒其他模板。

3.筒模可用拖车整体运输，也可拆成平模用拖车水平叠放运输。平模叠放时，垫木必须上下对齐，绑扎牢固。用拖车运输，车上严禁坐人。

4.在大模板拆装区域周围，应设置围栏，并挂设明显的标志牌，禁止非作业人员入内。组装平模时，应及时用卡具或花篮螺栓将相邻模板连接好，防止倾倒。

5.全现浇结构安装外模板时，必须将悬挑担固定，位置调整准确后，方可摘钩，外模安装后，要立即穿好销杆，紧固螺栓。安装外楼板的操作人员必须挂好安全带。

6.在模板组装或拆除时，指挥、拆除和挂钩人员必须站在安全可靠的地方方可操作，严禁人员随大模板起吊。

7.大模板必须有操作平台、上下梯道、走桥和防护栏杆等附属设施，若有损坏，应及时修理。

8.拆模起吊前，应复查穿墙销杆是否拆净，在确无遗漏且模板与墙体完全脱离后方可起吊，拆除外墙模板时，应先挂好吊钩，系紧绳索，再拆除销杆和担，吊钩应垂直模板，不得斜吊，以防碰撞相邻模板和墙体，摘钩时手不离钩，待吊钩吊起超过头部方可松手，超过障碍物以上的允许高度，才能行车或转臂。模板就位或拆除时，必须设置缆风绳，以利模板吊装过程中的稳定性。在大风情况下，根据安全规定，不得做高空运输，以免在拆除过程中发生模板之间或与其他障碍物之间的碰撞。

9.模板安装就位后，要采取防止触电的保护措施，要设专人将大模板串联起来，并同避雷网接通，防止人员触电。

10.大模板拆除后，应及时清除模板上的残余混凝土，并涂刷脱模剂，在清扫和涂刷脱模剂时，模板要临时固定好，板面相对停放的模板间，应留出50～60cm宽的人行道，模板上方要用拉杆固定。

五、滑升模板工程安全规定

1.在提升前应对滑模平台全部设备装置进行检查，调试妥善后方可使用，重点放在检查平台的装配、节点、电气及液压系统。

2.在外吊脚手架使用前，平台内应一律安装好轻质牢固的小眼安全网，并将安全网从外吊脚手架底部包到紧靠筒壁的吊脚手架里栏杆上，经验收合格后方可使用。

3.为了防止高空物体坠落伤人，一般在筒身内底部2.5m高处搭设双层保护棚，双层间距不得小于600mm，并在上部铺一层6～8mm钢板或5cm厚木板防护。

4.避雷设备应有接地装置，平台上振动器、电机等应接地或接零。

5.通信设备除电铃和信号灯外，还应装备3～4台步话机。

6.滑升模板在施工前，技术部门必须做好切实可行的施工方案及流程示意，操作人员必须严格遵照执行。

7.在提升滑模时必须统一指挥，并有专人负责测量千斤顶，平台应保持水平，当升高过程中出现不正常情况时，应立即停止滑升，找出原因，并制定相应措施后方准继续滑升。

8.在进行滑模施工设计时，必须注意施工过程中结构的稳定和安全。

9.应设置可靠楼梯或在建筑物内及时安装楼梯供滑模施工工程操作人员上下。

10.用降模法进行现浇楼板施工时，各吊点应加设保险钢丝绳。

11.滑模施工中，应严格按施工组织设计要求分散堆载，平台不得超载且不应出现不均匀堆载的现象。

12.施工人员必须服从统一指挥，不得擅自操作液压设备和机械设备。

13.滑模施工场地必须有足够的照明，操作平台上的照明采用36V的安全电压。

第四节　起重及垂直运输机械设备安全控制要点

一、塔式起重机

（一）安全装置

1.起重力矩限制器。起重力矩限制器是防止塔机超载的安全装置，避免由于塔机严重超载而引起塔机的倾覆或折臂等恶性事故。

2.起重量限制器。起重量限制器用以防止塔机的吊物重量超过最大额定荷载，避免发生机械损坏事故。

3.起升高度限制器。起升高度限制器是用来限制吊钩接触到起重臂头部或载重小车，或者下降到最低点（地面或地面以下若干米）以前，使起升机构自动断电并停止工作的安全装置。

4.幅度限制器。动臂式塔机的幅度限制器是在臂架在变幅时，变幅到仰角极限位置时切断变幅机构的电源，使其停止工作的安全装置，它同时还设有机械止挡，以防臂架因起幅中的惯性导致后翻。

小车运行变幅式塔机的幅度限制器用来防止运行小车超过最大幅度或最小幅度的两个极限位置。一般情况下，小车变幅限制器安装在臂架小车运行轨道的前后两端，用行程开关进行控制。

5.塔机行走限制器。行走式塔机的轨道两端尽头设置止挡缓冲装置，它利用安装在台车架上或底架上的行程开关碰撞到轨道两端的挡块，以切断电源，使塔机停止行走，防止脱轨造成塔机倾覆事故。

6.钢丝绳防脱槽装置。钢丝绳防脱槽装置，主要防止当传动机构发生故障时，钢丝绳不能在卷筒上顺排，以致越过卷筒端部凸缘，发生咬绳等事故。

7.回转限制器。有些上回转塔机安装了回转角度不能超过270°和360°的限制器，防止电源线扭断，造成事故。

8.风速仪。自动记录风速，当风速超过6级以上时自动报警，能够使操作司机及时采取必要的防范措施，如：停止作业、放下吊物等。

9.电器控制中的零位保护和紧急安全开关。零位保护是指塔机操纵开关与主令控制器连锁，只有在全部操纵杆处于零位时，开关才能接通，从而防止无意操作。

紧急安全开关则是一种能及时切断全部电源的安全装置。

10.夹轨钳。装设在台车金属结构上，用以夹紧钢轨，防止塔机在大风情况下被风吹动、行走而造成塔机出轨、倾翻等事故。

11.吊钩保险。吊钩保险是安装在吊钩挂绳处的一种防止起重千斤绳由于角度过大或挂钩不妥时，造成起吊千斤绳脱钩而造成吊物坠落事故的装置。

吊钩保险一般采用机械卡环式，用弹簧来控制挡板，阻止钢丝绳的滑脱。

（二）安装与拆卸的安全注意事项

1.对装拆人员的要求

（1）参加塔式起重机装拆的人员，必须经过专业培训考核，持有效的操作证上岗。

（2）装拆人员严格按照塔式起重机的装拆方案和操作规程中的有关规定、程序进行装拆。

（3）装拆作业人员应严格遵守施工现场安全生产的有关制度，正确使用劳动保护用品。

2.对塔式起重机装拆的管理要求

（1）装拆塔式起重机的施工企业，必须具备相应的资质，并按照装拆塔式起重机资质的等级装拆相对应的塔式起重机。

（2）施工企业必须建立塔式起重机的装拆专业班组，并且配有起重工（装拆工）、电工、起重指挥、塔式起重机操纵司机和维修钳工等。

（3）进行塔式起重机装拆，施工企业必须编制专项的装拆安全施工组织设计和装拆工艺要求，并经企业技术主管领导审批。在进行塔式起重机装拆前，必须向全体作业人员进行装拆方案和安全操作技术的书面和口头交底，并履行签字手续。

（三）使用安全要求

1.起重机的安装、顶升、拆卸必须按照原厂家的规定进行，并制定安全作业措施，由专业队在队长负责统一指挥下进行，并要有技术和安全人员在场监督。

2.起重司机持有的操作证同所操作的塔式起重机的起重力矩应相对应。

3.起重机安装后，在无荷载的情况下，塔身与地面的垂直度偏差不得超过3/1 000。

4.起重机专用的临时配电箱，宜设置在轨道中部附近，电源开关应符合规定的要求。电缆卷筒必须运转灵活、安全可靠，不得拖缆。

5.起重机必须安装行走、变幅、吊钩高度等限位器和力矩限制器等安全装置，并保证灵敏可靠。对有升降式驾驶室的起重机，断绳保护装置必须可靠。

6.起重机的塔身上，不得悬挂标语牌。

7.检查轨道应平直、无沉陷、轨道螺栓无松动，排除轨道上障碍物，松开夹轨器并向上固定好。

8.作业前应重点检查以下内容：

（1）机械结构的外观情况，各传动机构应正常。

（2）各齿轮箱、液压油箱的油位应符合标准。

（3）主要部位连接螺栓应无松动。

（4）钢丝绳磨损情况及穿绕滑轮的方法应符合规定。

（5）供电电缆应无破损。

9.检查电源电压应达到380V，其变动范围不得超过20V，送电前启动控制开关应在零位。接通电源，检查金属结构部分无漏电后方可上机。

10.空载运转，检查行走、可转、起重、变幅等各机构的制动器、安全限位、防护装置等确认正常后，方可作业。

11.操纵各控制器时应依次逐级操作，严禁越级操作。在变换运转方向时，应将控制器转到零位，待电动机停止转动后，再转向另一个方向。操作时力求平稳，严禁急开、急停。

12.吊钩提升接近臂杆顶部，小车行走至端点或起重机行走接近轨道端部时，应减速缓行至停止位置，吊钩距离臂杆顶部不得小于1m，起重机距离轨道端部不得小于2m。

13.提升重物后，严禁自由下降。重物就位时，可用微动机构或制动器使其缓慢下降。

14.提升的重物平移时，应高出其跨越的障碍物0.5m以上。

15.起吊作业中司机和指挥必须遵守"十不吊"的规定：指挥信号不明或无指挥不吊；超负荷和斜吊不吊；细长物件单点或捆扎不牢固不吊；吊物边缘锋利、无防护措施不吊；埋在地下的物体不吊；安全装置失灵不吊；光线阴暗看不清吊物不吊；六级以上强风区无防护不吊；物体装得太满或捆扎不牢固不吊；结构或零部件有影响安全工作的缺陷或损伤时不吊。

16.塔式起重机运行时，必须严格按照操作规程要求的规定执行。最基本的要求是：起吊前先鸣号，吊物不应从人头上越过。起吊时吊索应保持垂直、起降平稳，操作尽量避免急刹车或冲击。严禁超载，当起吊满载或接近满载时，严禁同时做两个动作及左右回转范围不应超过90°。

17.塔式起重机的装拆必须由有资质的单位方能进行操作。装拆前，应编制专项的装拆方案并经过企业技术主管负责人审批同意后方能进行，同时要做好对装拆人员的交底和安全教育。

二、物料提升机

（一）安装与拆除安全技术

1.安装与拆除作业前，应根据现场工作条件及设备情况编制作业方案。对作业人员进行分工交底。安装和拆除作业时，施工人员应持证上岗，并应设专人指挥，作业区上方及地面10m范围内设警戒区，并有专人监护。

2.新制作的提升机，架体安装的垂直偏差最大不应超过架体高度的1.5‰。多次使用过的提升机，在重新安装时，其垂直偏差不应超过3‰，并不得超过200mm。

3.井架截面内，两对角线长度公差不得超过最大边长的名义尺寸的3‰。

4.吊篮导靴与导轨的安装间隙，应控制在5～10mm。

5.用建筑物内井道作架体时，各楼层进料口处的停靠安全门必须与司机操作处装设的层站标志进行链锁。阴暗处应装照明设备。

6.安装架体时，应先将地梁与基础连接牢固。每安装两个标准节，应采取临时支撑或临时缆风绳固定，并进行初校正，在确定稳定时方可继续作业。

7.卷扬机应安装在平整坚实的位置上，宜远离危险作业区，视线应良好。固定卷扬机的锚桩应牢固可靠。

8.提升机安装后，应由主管部门进行检查验收，确认合格发放使用证后，方可交付使用。

9.应定期（每月一次）组织对提升机设备进行检查，发现问题及时处理，并认真做好记录。作业班司机班前应进行检查，确认提升机正常时，方可投入作业。

（二）安全使用

1.物料在吊篮内应均匀分布，不得超出吊篮。当长料在吊篮中立放时，应采取防滚滑措施；散料应装箱或装笼。严禁超载使用。

2.严禁人员攀登、穿越提升机和乘吊篮上下。

3.高架提升机作业时，应使用通信装置联系。低架提升机在多工种、多楼层同时使用时，应设专门指挥人员，信号不清不得开机，作业中不论任何人发出紧急停车信号，应立即执行。

4.当吊篮悬空吊挂时，司机不得离开驾驶座位。

5.吊篮在运行时，严禁人员将身体任何部位伸入架体内。在架体附近工作的人员，身体不得贴近架体。使用组合架体时，进入吊篮工作的人员，应随时注意相邻吊篮的运行情况；人和物料、工具不得越入相邻的架体内。

6.架体的斜杆和横杆，不得随意拆除；如因运输需要，也只准将少数斜杆拆除，各楼层的出入口拆除的斜杆，应安装在被拆除的开口节的上一节或下一节上，并与该节原有的斜杆成交叉状，但连续开口不允许大于两节，且必须在适当的地方装上与建筑物做刚性锚固的临时拉杆或支撑，以保持架体的刚度和稳定。

7.闭合主电源前或作业中突然断电时，应将所有开关扳回零位。在重新恢复作业前，应在确认提升机动作正常后方可使用。

8.发现安全装置、通信装置失灵时，应立即停机修复。作业中不得随意使用极限限位装置。

9.作业后，应将吊篮降至地面，各控制开关扳至零位，切断主电源，锁好闸箱。提升机使用过程中应进行经常性的维修保养，维修保养时，应将所有控制开关扳至零位，切断主电源，并在闸箱处挂上"禁止合闸"的标志，必要时应设专人监护。

三、施工升降机

（一）安全装置

1.限速器

对于齿条驱动的建筑施工升降机，为了防止吊笼坠落，均装有锥鼓式限速器，其可分为单向式和双向式两种，单向限速器只能沿吊笼下降方向起限速作用，双向限速器则可以沿吊笼的升、降两个方向起限速作用。

2.缓冲弹簧

在建筑施工升降机底笼的底盘上装有缓冲弹簧，以便当吊笼发生坠落事故时，减轻吊笼的冲击，同时保证吊笼和配重下降着地时呈柔性接触，缓冲吊笼和配重着地时的冲击。缓冲弹簧有圆锥卷弹簧和圆柱螺旋弹簧两种。一般情况下，每个吊笼对应的底架上装有两个圆锥卷弹簧，也有采用四个圆柱螺旋弹簧的。

3.上、下限位器

为防止吊笼上行或下降时超过需停位置，因司机误操作和电气故障等原因继续上行或下降引发事故而设置的装置，上、下限位器安装在吊轨架和吊笼上，属于自动复位装置。

4.上、下极限限位器

上、下极限限位器是在上、下限位器不起作用时，当吊笼运行超过限位开关和越程（指限位开关与极限限位开关之间所规定的安全距离）时，能及时切断电源使吊笼停车。极限限位器是非自动复位装置，动作后只能手动复位才能使吊笼重新启动。极限限位器安装在导轨器或吊笼上。

5.安全钩

安全钩是为防止吊笼到达预先设定位置时，上限位器和上极限限位器因各种原因不能及时动作、吊笼继续向上运行导致吊笼冲击导轨架顶部而发生倾翻坠落事故而设置的。安全钩是安装在吊笼上部的重要的最后一道安全装置，当吊笼上行到导轨架顶部的时候，安全钩能够钩住导轨架，保证吊笼不发生倾翻坠落事故。

6.急停开关

当吊笼在运行过程中发生各种原因的紧急情况时，司机能在任何时候按下急停开关，使吊笼停止运行。急停开关必须是非自行复位的安全装置，安装在吊笼顶部。

7.吊笼门、底笼门联锁装置

施工升降机的吊笼门、底笼门均装有电气联锁开关，它们能有效地防止因吊笼门或底笼门未关闭就启动运行而造成的人员坠落和物料滚落。只有当吊笼门和底笼门完全关闭时，施工升降机才能启动、运行。

8.楼层通道门

施工升降机与各楼层均搭设了运料和人员进出的通道，在通道口与升降机结合部必须设置楼层通道门。此门在吊笼上下运行时处于常闭状态，只有在吊笼停靠时才能由吊笼内的人打开。应做到楼层内的人员无法打开此门，以确保通道口处在封闭的条件下不出现危险的边缘。

楼层通道门的高度不应低于1.8m，门的下沿距离通道面不应超过50mm。

9.通信装置

由于司机的操作室位于吊笼内，司机无法知道各楼层的需求情况和分辨不清哪个层面发出信号，因此必须安装一个闭路的双向电气通信装置，司机应能听到或看到每一层的需求信号。

10.地面出入口防护棚

升降机在安装完毕时，应及时搭设地面出入口防护棚。防护棚搭设的材质要选用普通脚手架钢管，防护棚长度不应小于5m，有条件的可与地面通道防护棚连接起来。宽度应不小于升降机底笼最外部的尺寸。其顶部材料可采用50mm厚木板或两层竹笆，上、下竹笆间距应不小于600mm。

（二）安装与拆卸的安全注意事项

1.施工升降机每次安装与拆卸作业之前，企业应根据施工现场的工作环境及辅助设备的情况编制安装、拆卸方案，经企业技术负责人审批同意后方能实施。

2.每次安装或拆除作业之前，应对作业人员按不同的工种和作业内容进行详细的技术、安全交底。参与装拆作业的人员必须持有专门的资格证书。

3.升降机的装拆作业必须由经当地建设行政主管部门认可、持有相应的装拆资质证书的专业单位实施。

4.升降机每次安装后，施工企业应当组织有关职能部门和专业人员对升降机进行必要的试验和验收确认合格后应当向当地建设行政主管部门认定的检测机构申报，经专业检测机构检测合格后，才能正式投入使用。

（三）使用安全要求

1.施工企业必须建立健全施工升降机的各类管理制度，落实专职机构和专职管理人员，明确各级安全使用和管理责任。

2.施工升降机的司机应是经有关行政主管部门培训合格的专职人员，严禁无证操作升降机。

3.司机应做好日常检查工作，即在电梯每班首次运行时，应分别做空载和满载试运行，将梯笼升高至设计高度处停车，检查制动器的灵敏性和可靠性，确认正常后方可投入使用。

4.建立和执行定期检查和维修保养制度，每周或每旬对升降机进行全面检查，对查出的隐患按"三定"原则整改。整改后须经有关人员复查确认符合安全要求后，方能使用。

5.梯笼载人、载物时，应尽量使荷载均匀分布，严禁超载使用。

6.升降机运行至最上层和最下层时，严禁以碰撞上、下限位开关的方式停车。

7.司机因故离开吊笼及下班时，应将吊笼降至地面，切断总电源并锁上电箱门，防止其他无证人员擅自开动吊笼。

8.风力达6级以上时，应停止使用升降机，并将吊笼降至地面。

9.各停靠层的运料通道两侧必须有良好的防护。楼层门应处于常闭状态，其高度应符合有关规范的要求，任何人不得擅自打开楼层门或将头伸出门外，当楼层门未关闭时，司机不得开动电梯。

10.确保通信装置完好，司机应当在确认信号后方能开动升降机。在作业中，无论任何人在任何楼层发出紧急停车信号，司机都应当立即执行。

11.升降机应按规定单独安装接地保护和避雷装置。

12.严禁在升降机运行状态下进行维修保养工作；若须维修，必须切断电源并在醒目处挂上"有人检修，禁止合闸"的标志牌，并有专人监护。

四、起重吊装作业安全要求

（一）起重机械的常见操作要求

1.履带式起重机的安全使用要求

（1）当履带起重机在接近满负荷作业时，要避免将起重机的臂杆回转至与履带成垂直方向的位置，以防失稳，造成起重机倾覆。

（2）在满负荷作业时，不得行车。如须短距离移动，起重机所吊的负荷不得超过允许起重量的70%，同时所吊重物要在行车的正前方，重物离地不大于500mm，并拴好溜绳，控制重物的摆动，缓慢行驶，方能达到安全作业的目的。

（3）履带式起重机作业时的臂杆仰角，一般不超过78°，臂杆的仰角过大，易造成起重机后倾或发生将构件拉斜的现象。

（4）起重作业后应将臂杆降至40°～60°，并转至顺风方向，以防遇大风天气时臂杆被吹后仰，发生翻车和折杆的事故。

（5）正确安装和使用安全装置。履带式起重机的安全装置有：起重量指示器（重量限位器）、过卷扬限制器（超高限位器）、力矩限制器、防臂杆后仰装置和防背杆支架。

2.轮胎式起重机的安全使用要求

（1）在不打支腿情况下作业或吊重行走，须减少起重量。

（2）道路需平整坚实，轮胎的气压要符合要求。

（3）荷载要按原机车性能的规定进行，禁止带负荷长距离行走。

（4）重物吊离地面不得超过500mm，并拴好溜绳缓慢行驶。

轮胎式起重机的安全装置与履带式起重机相同。

3.汽车式起重机使用的安全要求

（1）作业时利用水平气泡将支承同转面调平，若在松软不平的地面或斜坡上工作时，一定要在支腿垫盘下面垫木块或铁板，也可以在支腿垫盘下备有定型规格的铁板，将支腿位置调整好。

（2）一般情况下，不允许在汽车式起重机的车前作业区进行吊装作业。

（3）操作中严禁侧拉，防止臂杆侧向受力。

（4）在进行吊装柱子作业时，不宜采用滑行法起吊。

（5）起重机在吊物时，若用于吊重物下降，重物的重量应小于额定负荷的1/5汽车式起重机的主要安全装置有：力矩限制器、过卷扬装置、水平气泡等。

（二）钢丝绳与地锚的要求

1.钢丝绳的结构形式、规格、强度要符合机型要求。钢丝绳在卷筒上要连接牢固，并按顺序整齐排列，当钢丝绳全部放出时，卷筒上的钢丝绳至少要留三圈以上。

2.扒杆滑轮及地面导向滑轮的直径，应与钢丝绳的直径相适应，其直径比值不应小于15，各组滑轮必须用钢丝绳牢靠固定，滑轮出现翼缘破损等缺陷时应及时更换。

3.缆风绳应使用钢丝绳，其安全系数、规格应符合施工方案的要求，缆风绳应与地锚连接牢固。

4.地锚的埋设方法应经计算确定，地锚的位置及埋深应符合施工方案要求和扒杆作业时的实际角度。当移动扒杆时，也必须使用经过设计计算的正式地锚，不准随意拴在电杆、树木或构件上。

（三）吊点设置要求

1.根据重物的外形、重心及工艺要求选择吊点，并在方案中进行规定。

2.吊点是在重物起吊、翻转、移位等作业中都必须使用的，吊点应与重物的重心在同一垂直线上，且吊点应在重心之上（吊点与重物重心的连线和重物的横截面应相互垂直）。使重物垂直起吊，禁止斜吊。

3.当采用几个吊点起吊时，应使各吊点的合力作用点在重物重心的位置之上，必须正确计算每根吊索的长度，使重物在吊装过程中始终保持稳定位置。当构件无吊鼻须用钢丝绳捆绑时，必须对棱角处采取保护措施，防止切断钢丝。钢丝绳做吊索时，其安全系数尺为6～8。

（四）司机、指挥人员及起重工要求

1.起重机司机属于特种作业人员，应经正式培训考核并取得合格证书。合格证书或培训内容，必须与司机所驾驶起重机的类型相符。

2.汽车式起重机、轮胎式起重机必须由起重机司机驾驶，严禁同车的汽车司机与起重机司机相互替代（司机持有两种证的除外）。

3.起重机在地面、吊装作业在高处的条件下，必须专门设置信号传递人员，以确保司机清晰、准确地看到和听到指挥信号。

4.起重吊装作业人员还包括起重工、电焊工等，他们均属于特种作业人员，必须经有关部门培训考核并发给合格证书方可进行作业。

（五）地基承载力要求

1.起重机作业区路面的地耐力应符合该机说明书要求，并应对相应的地耐力报告结果进行审查。

2.作业道路应平整坚实，一般情况下，纵向坡度不大于3%，横向坡度不大于1%。起重机行驶或停放时，应与沟渠、基坑保持5m以上的距离，且不得停放在斜坡上。

3.当地面平整度与地耐力不能满足要求时，应采用路基箱、道木等铺垫措施，以确保机车的作业条件。

（六）起重作业要求

1.起重机司机应清楚施工作业中所起吊重物的重量，并有交底记录。

2.司机必须熟知该起重机的起吊高度及幅度情况下的实际起吊重量，并清楚各装置的正确使用方法，熟悉操作规程，做到不超载作业。

3.作业面应平整坚实。支脚应全部伸出垫牢。起重机应平稳不倾斜。

4.起吊过程中必须遵守"十不吊"的规定。

5.多机台共同工作，必须随时确保各起重机起升的同步性，单机负载不得超过该机额定起重量的80%。

6.起重机首次起吊或重物重量变换后首次起吊时，应先将重物吊离地面200～300mm后停住，检查起重机的工作状态，在确认起重机稳定、制动可靠，重物吊挂平衡牢固后，

方可继续起升。

（七）高处作业要求

1.在高处进行起重吊装作业时，应按规定设置安全措施防止高处坠落，包括各洞口盖严盖牢，临边作业应搭设防护栏杆封挂密目网等。

2.吊装作业人员在高空移动和作业时，必须系牢安全带。独立悬空作业的人员除有安全带的防护外，还应以安全网作为防护措施的补充。例如，在屋架安装过程中，屋架的上弦不允许作业人员行走，当作业人员在屋架的下弦行走时，必须将安全带在屋架上的脚手杆上（这些脚手杆是在屋架吊装之前临时绑扎的）系牢；在行车梁安装过程中，作业人员从行车梁上行走时，其一侧护栏可采用钢索，安全带由作业人员在钢索上扣牢并随人员滑行，确保作业人员移动安全。

3.作业人员上下应有专用爬梯或斜道，不允许攀爬脚手架或建筑物上下。

（八）作业平台要求

1.脚手架或作业平台应有搭设方案，临边应设置防护栏杆和封挂密目网。

2.脚手架的选材和敷设应严密、牢固并符合脚手架的搭设规定。

（九）构件堆放要求

1.构件堆放应平稳，底部按设计位置设置垫木。楼板堆放高度一般不应超过1.6m。

2.构件多层叠放时，柱子不超过2层；梁不超过3层；大型屋面板、多孔板为6项层；钢屋架不超过3层。各层的支承垫木应在同一垂直线上，各堆放构件之间应留不小于0.7m宽的通道。

3.重心较高的构件（如：屋架、大梁等），除在底部设垫木外，还应在两侧加设支撑，或将几榀大梁以方木和钢丝连成一体，提高其稳定性，侧向支撑沿梁长度方向不得少于三道。墙板堆放架应经设计计算确定，并确保抗倾覆要求。

（十）警戒

1.在起重吊装作业前，应根据施工组织设计要求划定危险作业区域，设置醒目的警示标志，防止无关人员进入。

2.除设置警示标志外，还应视现场作业环境，专门设置监护人员，防止高处作业或交叉作业造成的落物伤人事故。

第五节　临时用电安全控制要点

一、用电安全的基本要求

1.施工现场必须按工程特点编制施工临时用电施工组织设计（或方案），并由主管部门审核后实施，临时用电施工组织设计必须包括如下内容：

（1）用电机具明细表及负荷计算书。

（2）现场供电线路及用电设备布置图，布置图应注明线路架设方式、导线、开关电器、保护电器、控制电器的型号及规格，接地装置的设计计算及施工图。

（3）发、配电房的设计计算，发电机组与外电联锁方式。

（4）大面积的施工照明，供150人及以上居住的生活照明用电的设计计算及施工图。

（5）安全用电检查制度及安全用电措施（应根据工程特点有针对性地编写）。

2.各施工现场必须设置1名电气安全负责人，电气安全负责人应由技术好、责任心强的电气技术人员或工人担任，其责任是对该现场的日常安全用电进行管理。

3.施工现场的一切电气线路、用电设备的安装和维护必须由持证电工负责，并严格执行施工组织设计的规定。

4.施工现场应视工程量大小和工期长短，配备足够的（不少于2人）持有市、地劳动安全监察部门核发电工证的电工。

5.施工现场使用的大型机电设备，应由主管部门派员鉴定合格后才允许运进施工现场安装使用，严禁不符合安全要求的机电设备进入施工现场。

6.一切移动式电动机具（如：潜水泵、振动器、切割机、手持电动机具等）机身必须写上编号。检测绝缘电阻、检查电缆外绝缘层、开关、插头及机身是否完好无损，并列表报主管部门检查合格后才允许使用。

7.施工现场（包括电工室和办公室）严禁使用明火电炉、多用插座及分火灯头、220V的施工照明灯具必须使用护套线。

8.施工现场应设专人负责临时用电的安全技术档案管理工作。临时用电安全技术档案应包括的内容为：临时用电施工组织设计、临时用电安全技术交底、临时用电安全检测记录、电工维修工作记录。

二、配电系统的安全要求

（一）配电线路

1.架空线路宜采用木杆或混凝土杆，混凝土杆不得露筋，不得有环向裂纹和扭曲，木杆不得腐朽，其梢径不得小于130mm。

2.架空线路必须采用绝缘铜线或铝线，且必须架设在电杆上，并经横担和绝缘子架设在专用电杆上；架空导线截面应满足计算负荷、线路末端电压偏移（不大于5%）和机械强度要求；严禁架设在树木或脚手架上。

3.架空线路相序应符合下列规定：在同一横担架设时，面向负荷侧，从左起为L1、N、L2、L3；与保护零线在同一横担架设时，面向负荷侧，从左起为L1、N、L2、L3、PE；动力线、照明线在两个横担架设时，面向负荷侧，上层横担从左起为L1、L2、L3；下层横担从左起为L1、（L2、L3）N、PE；架空敷设挡距不应大于35m，线间距离不应小于0.3m，横担间最小垂直距离：高压与低压直线杆为1.2m，分支或转角杆为1.0m；低压与低压，直线杆为0.6m，分支杆或转角杆为0.3m。

4.架空线敷设高度应满足下列要求：距施工现场地面不小于4m；距机动车道不小于6m；距铁路轨道不小于7.5m；距暂设工程和地面堆放物顶端不小于2.5m；距0.4kV交叉电力线路不小于1.2m；距10kV交叉电力线路不小于2.5m。

5.施工用电电缆线路应采用埋地或架空方式敷设，不得沿地面明设；埋地敷设深度不应小于0.6m，并应在电缆上、下各均匀敷设不少于50mm厚的细砂，然后敷设砖等硬质保护层；穿越建筑物、道路等易受损伤的场所时，应另加防护套管；架空敷设时，应沿墙或电杆做绝缘固定，电缆最大弧垂处距地面不得小于2.5m；在建工程的电缆线路应采用电缆埋地穿管引入，沿工程竖井、垂直孔洞逐层固定，电缆水平敷设高度不应小于1.8m。

6.照明线路上的每一个单项回路上，灯具和插座数量不宜超过25个，并应装设熔断电流为15A及以下的熔断保护器。

（二）配电箱及开关箱

1.电箱与开关的设置原则：施工现场应设总配电箱（或配电室），总配电箱以下设分配电箱，分配电箱以下设开关箱，开关箱以下是用电设备。

2.施工用电配电箱、开关箱中应装设电源隔离开关、短路保护器、过载保护器，其额定值和动作整定值应与其负荷相适应。总配电箱、开关柜中还应装设漏电保护器。

3.施工用电动力配电与照明配电宜分箱设置，当合置在同一箱内时，动力配电与照明配电应分路设置。

4.施工用电配电箱、开关箱应采用铁板（厚度为1.2～2.0mm）或阻燃绝缘材料制作。不得使用木质配电箱、开关箱及木质电气安装板。

5.施工用电配电箱、开关箱应装设在干燥、通风、无外来物体撞击的地方，其周围应有足够两人同时工作的空间和通道。

6.施工用电移动式配电箱、开关箱应装设在坚固的支架上，严禁在地面上拖拉。

7.施工用电开关箱应实行"一机一闸"制，不得设置分路开关。开关箱中必须设漏电保护器，实行"一漏一箱"制。

8.施工用电漏电保护器的额定漏电动作参数选择应符合下列规定：在开关箱（末级）内的漏电保护器，其额定漏电动作电流不应大于30mA，额定漏电动作时间不应大于0.1s；在潮湿场所使用时，其额定漏电动作电流应不大于15mA，额定漏电动作时间不应大于0.1s。总配电箱内的漏电保护器，其额定漏电动作电流应大于30mA，额定漏电动作时间应大于0.1s。但其额定漏电动作电流（I）与额定漏电动作时间（t）的乘积不应大于30mA.s（$I \cdot t \leqslant 30mA.s$）。

9.加强对配电箱、开关箱的管理，防止误操作造成危害，对于所有配电箱、开关箱，应在箱门处标注编号、名称、用途和分路情况。

三、外电防护、保护系统及施工照明的安全要求

（一）外电防护

1.在建工程不得在高、低压线路下方施工，搭设作业棚、生活设施和堆放构件、材料等。在架空线路一侧施工时，在建工程（含脚手架）的外缘应与架空线路边线之间保持安全操作距离。

2.旋转臂式起重机的任何部位或被吊物边缘与10kV以下的架空线路边缘的最小距离不得小于2m。

3.施工现场开挖非热管道沟槽的边缘与埋地外电缆沟槽之间的距离不得小于0.5 m。

4.施工现场不能满足上述规定的最小距离时，必须按现行行业规范的规定搭设防护设施并设置警告标志。在架空线路一侧或上方搭设或拆除防护屏障等设施时，必须停电后才能作业，并配备监护人员。

（二）保护系统

1.保护接地和保护接零

（1）工作接地：在电气系统中，因运行需要的接地（例如，三相供电系统中电源中

性点的接地）称为工作接地，在工作接地的情况下，大地被作为一根导线，而且能够稳定设备导电部分对地电压。

（2）保护接地：在电力系统中，因漏电保护的需要，将正常情况下不带电的电气设备的金属外壳和机械设备的金属构件（架）接地，称为保护接地。

（3）重复接地：在中性点直接接地的电力系统中，为了保证接地的作用和效果，除在中性点处直接接地外，在中性线上的一处或多处接地，称为重复接地。

（4）防雷接地：防雷装置（避雷针、避雷器、避雷线等）的接地，称为防雷接地。防雷接地的主要作用是：当防雷装置遭到雷击时，将雷击电流泄入大地。

2.施工用电基本保护系统

施工用电应采用中性点直接接地的380V/220V三相五线制低压电力系统，其保护方式应符合下列规定：施工现场由专用变压器供电时，应将变压器低压侧中性点直接接地，并采用TN-S接零保护系统。施工现场由专用发电机供电时，必须将发电机的中性点直接接地，并采用TN-S接零保护系统，且应独立设置。当施工现场直接由市电（电力部门变压器）等非专用变压器供电时，其基本接地、接零方式应与原有市电供电系统保持一致。在同一供电系统中，不得一部分设备做保护接零，而另一部分设备做保护接地。

在供电端为三相五线供电的接零保护（TN）系统中，应将进户处的中性线（N线）重复接地，并同时由接地点另外引出保护零线（PE线），形成局部TN-S接零保护系统。

3.施工用电保护接零与重复接地

在接零保护系统中电气设备的金属外壳必须与保护零线（PE线）连接。保护零线应符合下列规定：保护零线应自专用变压器、发电机中性点处，或配电室、总配电箱进线处的中性线（N线）上引出；保护零线的统一标志为绿、黄双色绝缘导线，在任何情况下不得使用绿、黄双色线做负荷线；保护零线（PE线）必须与工作零线（N线）相隔离，严禁保护零线与工作零线混接、混用。保护零线上不得装设控制开关或熔断器；保护零线的截面面积不应小于对应工作零线的截面面积。与电气设备相连接的保护零线的截面面积应为不小于2.5mm²的多股绝缘铜线。保护零线的重复接地点不得少于3处，应分别设置在配电室或总配电箱处，以及配电线路的中间处和末端处。

4.施工用电接地电阻

接地电阻包括接地线电阻、接地体本身的电阻及流散电阻。由于接地线和接地体本身的电阻很小（因导线较短，接地良好）可忽略不计。因此，一般认为接地电阻就是散流电阻。它的数值等于对地电压与接地电流之比。接地电阻分为冲击接地电阻、直接接地电阻和工频接地电阻，在用电设备保护中一般采用工频接地电阻。

电力变压器或发电机的工作接地电阻值不应大于4Ω。在TN接零保护系统中重复接地应与保护零线连接，每处重复接地电阻值不应大于10Ω。

5.施工现场的防雷保护

多层与高层建筑施工期间，应注意采取以下防雷措施：

（1）建筑物的四周有起重机，起重机最上端必须装设避雷针，并应将起重机刚架连接于接地装置上。接地装置应尽可能利用永久性接地系统。如果是水平移动的塔式起重机，其地下钢轨必须可靠地接到接地系统上。起重机上装设的避雷针，应能保护整个起重机及其电力设备。

（2）沿建筑物四角和四边竖起的木、竹架子上，做数根避雷针并接到接地系统上，针长最少应高出木、竹架子3.5m，避雷针之间的间距以24m为宜。对于钢脚手架，应注意连接可靠并要可靠接地，若施工阶段的建筑物当中有突出高点，应如上述加装避雷针。在雨期施工应随脚手架的接高加高避雷针。

（3）对于建筑工地的井字架、门式架等垂直运输架，应将一侧的中间立杆接高，高度应高出顶墙2m，作为接闪器，并在该立杆下端设置接地线，同时应将卷扬机的金属外壳可靠接地。

（4）应随时将每层楼的金属门窗（钢门窗、铝合金门窗）和现浇混凝土框架（剪刀墙）的主筋可靠连接。

（5）施工时应按照正式设计图的要求，先做完接地设备。同时，应当注意跨步电压的问题。

（6）在开始架设结构骨架时，应按图样规定，随时将混凝土柱子的主筋与接地装置连接，以防施工期间遭到雷击而被破坏。

（7）应随时将金属管道及电缆外皮在建筑物的进口处与接地设备连接，并应把电气设备的铁架及外壳连接在接地系统上。

（8）防雷装置的避雷针（接闪器）可采用小20钢筋，长度应为1～2m；当利用金属构架作引下线时，应保证构架之间的电气连接；防雷装置的冲击接地电阻值不得大于30Ω。

（三）施工照明

1.单项回路的照明开关箱内必须装设漏电保护器。

2.照明灯具的金属外壳必须做保护接零。

3.施工照明室外灯具距地面不得低于3m，室内灯具距地面不得低于2.4m。

4.一般场所，照明电压应为220V。隧道、人防工程、高温、有导电粉尘和狭窄场所，照明电压不应大于36V。

5.潮湿和易触及照明线路的场所，照明电压不应大于24V。特别潮湿、导电良好的地面、锅炉或金属容器内，照明电压不应大于12V。

6.手持灯具应使用36V以下的电源供电。灯体与手柄应坚固、绝缘良好并耐热和耐潮湿。施工照明使用的220V碘钨灯应固定安装，其高度不应低于3m，距易燃物不得小于500mm，并不得直接照射易燃物，不得将220V碘钨灯用作移动照明。

7.施工用电照明器具的形式和防护等级应与环境条件相适应。

8.需要夜间或暗处施工的场所，必须配置应急照明电源。

9.夜间可能影响行人、车辆、飞机等安全通行的施工部位或设施、设备，必须设置红色警戒照明。

第六节 土方及基坑施工安全控制要点

一、土方及基坑的安全措施

1.施工前，应对施工区域内影响施工的各种障碍物（如：建筑物、道路、各种管线、旧基础、坟墓、树木等）进行拆除、清理或迁移，确保安全施工。

2.施工时必须按施工方案（或安全措施）的要求，设置基坑（槽）安全边坡或固壁施工支护措施，因特殊情况需要变更的，必须履行相应的变更手续。

3.当地质情况良好、土质均匀、地下水位低于基坑（槽）底面标高时，挖方深度在5m以内可不加支撑，这时的边坡最陡坡度应按表7-3中规定确定，并应在施工方案中予以确定。

表7-3 深度在5m以内（包括5m）的基坑（槽）边的最大坡度（不加支撑）

土的类别	边坡坡度（高：宽）		
	坡顶无荷载	坡顶有静载	坡顶有动载
中密的砂土	1：1.00	1：1.25	1：1.5
中密的碎石土	1：0.75	1：1.00	1：1.25
硬卵的粉土	1：0.67	1：0.75	1：1.0
中密的碎石土（充填物为黏土）	1：0.50	1：0.67	1：0.75
硬塑的粉质黏土、黏土	1：0.33	1：0.50	1：0.67
老黄土	1：0.10	1：0.25	1：0.33
软土（轻型井点降水后）	1：1.00		

4.当天然冻结的速度和深度能确保挖土时的安全操作：对于深度在4m以内的基坑

（槽），开挖时可以采用天然冻结法垂直开挖而不加设支撑。但对干燥的砂土应严禁采用冻结法施工。

5.对于黏性土不加支撑的基坑（槽），最大垂直挖深可根据坑壁的重量、内摩擦角、坑顶部的均布荷载及安全系数等计算确定。

6.挖土前应根据安全技术交底了解地下管线、人防及其他构筑物的情况和具体位置，当地下构筑物外露时，必须加以保护。作业中应避开各种管线和构筑物，在现场电力、通信电缆2m范围内和在现场燃气、热力、给排水等管道1m范围内施工时，必须在业主单位人员的监护下人工开挖。

7.人工开挖槽、沟、坑深度超过1.5m的，必须根据开挖深度和土质情况，按安全技术措施或安全技术交底的要求放坡或支护，若遇边坡不稳或有坍塌征兆时，应立即撤离现场，并及时报告项目负责人，在险情排除后，方可继续施工。

8.人工开挖时，两个人横向操作间距应保持在2～3m，纵向间距不得小于3m，并应自上而下逐层挖掘，严禁采用掏洞挖掘的操作方法。

9.上下槽、坑、沟应先挖好阶梯或设木梯，不应踩踏土壁及其支撑上下，施工间歇时不得在槽、沟、坑的坡脚下休息。

10.若在挖土过程中遇有古墓、地下管道、电缆，或不能辨认的异物、液体、气体时，应立即停止施工，并报告现场负责人，待查明原因并采取措施处理，方可继续施工。

11.雨期深基坑施工中，必须注意排除地面雨水，防止积水倒流入基坑，同时注意防止雨水渗入造成土体强度降低，土压力加大造成基坑边坡坍塌事故。

12.用钢钎破冻土、坚硬土时，扶钎人应站在打锤人侧面用长把夹具扶钎，打锤范围内不得有其他人停留。锤顶应平整，锤头应安装牢固。钎子应直且不得有毛刺，打锤人不得戴手套。

13.从槽、坑、沟中吊运土至地面时，绳索、滑轮、钩子、箩筐等垂直运输设备、工具应完好牢固。起吊、垂直运送时，下方不得站人。

14.在配合机械挖土清理槽底作业时，严禁人员进入铲斗回转半径范围。必须待挖掘机停止作业后，方准进入铲斗回转半径范围内清土。

15.夜间施工时，应合理安排施工项目，防止挖方超挖或铺填超厚。应根据需要在施工现场安装照明设施，在危险地段应设置红灯警示。

16.每日或雨后必须检查土壁及支撑的稳定情况，在确保安全的情况下方可施工，并且不得将土和其他物件堆放在支撑上，不得在支撑上行走或站立。

17.用挖土机施工时，施工机械进场前必须经过验收，验收合格方准使用。

18.机械挖土，启动前应检查离合器、液压系统及各铰接部分等，经空车试运转正常后再开始作业，机械操作中进铲不应过深，提升不应过猛，作业中部的碰撞基坑支撑。

二、基坑支护及监测要求

（一）基坑的安全要求

1.深度超过2m的基坑施工，其临边应设置防止人及物体滚落基坑的安全防护措施，必要时应设置警示标志，配备监护人员。

2.应根据施工设计设置人员上下基坑、基坑作业的专用通道，不得攀登固壁支撑上下。人员上下基坑作业，应配备梯子，作为上下的安全通道；在坑内作业时，可根据坑的大小设置专用通道。

3.夜间施工时，施工现场应根据需要安装照明设施，在危险地段应设置红灯警示。

4.在基坑内，无论是在坑底作业，还是攀登作业或是悬空作业，均应有安全的立足点和防护措施。

5.基坑较深，需要垂直方向上下同时作业，应根据垂直作业层搭设作业架，各层用钢、木、竹板隔开，或采用其他有效的隔离防护措施，防止上层作业人员、土块或工具等其他物体坠落伤害下层作业人员。

（二）基坑支护

基坑支护的设计与施工技术尤为重要。国家有关部门提出，深基坑支护要进行结构设计，深度大于5m的基坑安全度要通过专家论证。

1.基坑支护的一般要求

（1）支护结构的选型应考虑结构的空间效应和基坑特点，选择有利支护的结构形式或采用几种形式相结合。

（2）当采用悬臂式结构支护时，基坑深度不宜大于6m。基坑深度超过6m时，可选用单支点和多支点的支护结构。在地下水位较低或能保证降水的地区施工时，也可采用土钉支护。

（3）寒冷地区基坑设计应考虑土体冻胀力的影响。

（4）支撑安装必须按设计位置进行，施工过程严禁随意变更，并应使围檩与挡土桩墙结合紧密。挡土板或板桩与坑壁间的回填土应分层回填、夯实。

（5）支撑的安装和拆除顺序必须与设计工况相符合，并与土方开挖和主体工程的施工顺序相配合。分层开挖时，应先支撑后开挖；同层开挖时，应边开挖边支撑支撑拆除前，应采取换撑措施，防止边坡卸载过快。

（6）钢筋混凝土支撑其强度必须达到设计要求（或达75%）后，方可开挖支撑面以下土方；钢结构支撑必须严格材料检验和保证节点的施工质量，严禁在负荷状态下进行焊接。

（7）应合理布置锚杆的间距与倾角，锚杆上下间距不宜小于2.0m，水平间距不宜小于1.5m；锚杆倾角宜为15°～25°，且不应大于45°。最上一道锚杆覆土厚不得小于4m。

（8）锚杆的实际抗拔力除应经计算外，还应按规定方法进行现场试验后确定，可采取提高锚杆抗力的二次压力灌浆工艺。

（9）采用逆做法施工时，外围结构必须有自防水功能。基坑上部机械挖土的深度，应按地下墙悬臂结构的应力值确定；基坑下部封闭施工，应采取通风措施；当采用电梯间作为垂直运输的井道时，对洞口楼板的加固方法应由工程设计确定。

（10）采用逆做法施工时，应合理地解决支撑上部结构的单柱单桩与工程结构的梁柱交叉及节点构造并在方案中预先设计，当采用坑内排水时必须保证封井质量。

2.基坑支护的施工监测

（1）监测内容

①挡土结构顶部的水平位移和沉降。

②挡土结构墙体的变形。

③支撑立柱的沉降。

④周围建（构）筑物的沉降。

⑤周围道路的沉降。

⑥周围地下管线的变形。

⑦坑外地下水位的变化。

（2）监测要求

①基坑开挖前应做出系统的开挖监控方案，监控方案应包括监控目的、监控项目、监控报警值、监控方法及精度要求、检测周期、工序管理和记录制度及信息反馈系统等。

②监控点的布置应满足监控要求。距基坑边线以外1～2倍开挖深度范围内的需要保护物体应作为保护对象。

③监测项目在基坑开挖前应测得初始值，且不应少于两次。基坑监测项目的监控报警值应根据监测对象的有关规范及保护结构设计的要求确定。

④各项的监测时间可根据工程施工进度确定。当变形超过允许值、变化速率较大时，应加大观测次数；当有事故征兆时，应连续监测。

⑤在基坑开挖监测过程中，应根据设计要求提供阶段性监测结果报告。工程结束时应提交完整的监测报告，报告内容应包括：工程概况、监测项目和各监测点的平面和立面布置图采用的仪器设备和监测方法；监测数据的处理方法和监测结果过程曲线、监测结果评价等。

第八章 建设工程施工安全与职业健康

当前人们都非常关注安全，安全是人们身体健康的重要保证。在建筑工程施工现场中，职业健康安全管理可以保证施工人员的身体健康，对于工程建设的可持续发展有着重要的意义，在劳动生产过程中，改善恶劣的劳动环境，排查安全隐患等手段，可以保障施工人员的身心健康，确保工程能够顺利进行。

第一节 安全管理概述

一、基本概念

安全，指没有危险、不出事故，未造成人员伤亡、资产损失。

安全生产管理，是指经营管理者对安全生产工作进行的策划、组织、指挥、协调、控制和改进的一系列活动，目的是保证在生产经营活动中人身安全、财产安全，促进生产的发展，保持社会的稳定。

施工项目安全管理，就是施工项目在施工过程中，组织安全生产的全部管理活动。通过对生产要素的过程控制，生产要素的不安全状态减少或消除，达到减少一般事故，杜绝伤亡事故，从而保证项目安全管理目标的实现。

安全生产是施工项目重要的控制目标之一，也是衡量施工项目管理水平的重要标志。因此，施工项目必须把实现安全生产，当作组织施工活动的重要任务。

二、安全生产方针

我国的安全生产方针，又称劳动保护方针，在1952年第二次全国劳动保护工作会议上提出了劳动保护工作必须贯彻安全生产的方针。在1987年全国劳动检查会议上又进一步规定为"安全第一，预防为主"的方针，并一直沿用至今。

1. "安全第一"是安全生产方针的基础

生产过程中的安全是生产发展的客观需要，特别是现代化生产，更不能忽视，要在生产活动中把安全工作放在第一位，尤其是当生产与安全发生矛盾时，生产服从安全，这是"安全第一"的含义。

2.安全与生产的辩证关系

在生产建设中，必须用辩证统一的观点去处理好安全与生产的关系。这就是说，项目领导者必须善于安排好安全工作与生产工作，特别是在生产任务繁忙的情况下，安全工作与生产工作发生矛盾时，更应处理好两者的关系，不要把安全工作挤掉。越是生产任务忙，越要重视安全，把安全工作搞好，否则，就会招致工伤事故，既妨碍生产，又影响企业信誉，这是多年来生产实践证明了的一条重要经验。总之，安全与生产是互相联系、互相依存、互为条件的，必须用辩证的思想来正确贯彻安全生产方针。

3."预防为主"是安全生产方针的核心，是实施安全生产的根本途径

安全生产工作的预防为主是现代生产发展的需要。现代科学技术日新月异，而且往往又是多学科综合运用，安全问题日益复杂，稍有疏忽就会酿成事故。预防为主，就是要在事前做好安全工作，防患于未然。依靠科技进步，加强安全科学管理，搞好科学预测与分析工作，把工伤事故和职业危害消灭在萌芽状态中。安全第一，预防为主，两者是相辅相成、互相促进的。预防为主是实现安全第一的保障，要做到安全第一，实现安全生产，最有效的措施就是搞好积极预防，主动预防，否则"安全第一"就是一句空话，这也是在实践中证明了的一条重要经验。

三、安全生产管理体制

（一）企业负责

企业负责就是企业在其经营活动中必须对本企业安全生产负全面责任，企业法定代表人是安全生产的第一责任人。各企业应建立安全生产责任制，在管生产的同时，必须搞好安全卫生工作。这样才能达到责权利的相互统一。企业应自觉贯彻"安全第一，预防为主"，必须遵守国家的法律、法规和标准，根据国家有关规定，制定本企业的安全生产规章制度；必须设置安全机构，配备安全管理人员对企业的安全工作进行有效管理。"企业负责"要求企业自觉接受行业管理、国家监察和群众监督，并结合本企业情况，努力克服安全生产中的薄弱环节，积极、认真地解决安全生产中的各种问题。企业对安全生产负责的关键是做到"责任到位、投入到位、措施到位"。

（二）行业管理

行政主管部门根据"管生产必须管安全"的原则，管理本行业的安全生产工作，建立安全生产管理机构，配备安全技术干部，组织贯彻执行国家安全生产方针、政策、法律、法规，制定行业的规章制度和规范标准；对本行业安全生产管理工作进行策划、组织实施和监督检查、考核；帮助企业解决安全生产方面的实际问题，支持、指导企业搞好安全生产。

（三）国家监察

安全生产行政主管部门按照国务院要求实施国家劳动安全监察。国家监察是一种执法监察，主要是监察国家法规、政策的执行情况，预防和纠正违反法规、政策的偏差；它不干预企事业单位遵循法律法规、制定的措施和步骤等具体事务，也不能替代行业管理部门日常管理和安全检查。

（四）群众监督

群众监督是安全生产工作不可缺少的重要环节。这种监督是与国家安全监察和行政管理相辅相成的，应密切配合，相互合作，互通情况，共同搞好安全生产工作。新的经济体制的建立，群众监督的内涵也在扩大。不仅是各级工会，而且，社会团体、民主党派、新闻单位等也应共同对安全生产起监督作用。这是保障职工的合法权益，保障职工生命安全与健康和国家财产不受损失，以及搞好安全生产的重要保证。

（五）劳动者遵章守纪

许多事故的发生，大都与职工的违章行为有直接关系。因此，劳动者在生产过程中应自觉遵守安全生产规章制度和劳动纪律，严格执行安全技术操作规程，不违章操作。劳动者遵章守纪也是减少事故，实现安全生产的重要保证。

四、安全生产管理制度

（一）安全生产责任制

安全生产责任制是组织各项安全生产规章制度的核心，是组织行政岗位责任制度和经济责任制度的重要组成部分，也是最基本的安全生产管理制度。安全生产责任制是按照安全生产方针和"管生产的同时必须管安全"的原则，对各级负责人员、各职能部门及其工作人员和各岗位生产工人在安全生产方面应做的事情及应负的责任加以明确规定的一种制度。

组织安全生产责任制的核心是实现安全生产的"五同时"，就是在策划、布置、检查、总结、评比生产的时候，同时策划、布置、检查、总结、评比安全工作。其内容大体分为两个方面：一是纵向方面，各级人员的安全生产责任制，即各类人员（从最高管理者、管理者代表、中层管理者到一般员工）的安全生产责任制；二是横向方面，各分部门的安全生产责任制，即各职能部门（如：设备、技术、生产、财务等部门）的安全生产责任制。

（二）安全生产措施计划制度

安全生产措施计划制度是安全生产管理制度的一个重要组成部分，是企业有计划地改善劳动条件和安全卫生设施，防止工伤事故和职业病的重要措施之一。这种制度对企业加强劳动保护，改善劳动条件，保障职工的安全和健康，促进企业生产经营的发展都起着积极作用。

（三）安全生产教育制度

劳动法规定：用人单位要对劳动者进行劳动安全卫生教育。组织安全教育工作是贯彻组织方针，实现安全生产、文明生产，提高员工安全意识和安全素质，防止产生不安全行为，减少人为失误的重要途径。其重要性，首先在于提高组织管理者及员工做好安全生产的责任感和自觉性，帮助其正确认识和学习职业安全卫生法律、法规、基本知识；其次是能够普及和提高员工的安全技术知识，增强安全操作技能，从而保护自己和他人的安全与健康，促进生产力的发展。安全教育的形式一般包括：管理人员的职业安全卫生教育、特种作业人员的职业安全卫生教育、职工的职业安全卫生教育和经常性职业安全卫生教育。

（四）安全生产检查制度

安全生产检查制度是清除隐患、防止事故、改善劳动条件的重要手段，是企业安全生产管理工作的一项重要内容。通过安全生产检查可以发现企业及生产过程中的危险因素，以便有计划地采取措施，保证安全生产。

安全生产检查的内容，主要是查思想、查管理、查隐患、查整改和查事故处理。查思想主要是检查组织领导和职工对安全生产工作的认识；查管理是检查组织是否建立安全生产管理体系并正常工作；查隐患是检查生产作业现场是否符合安全生产、文明生产的要求；查整改是检查组织对过去提出问题的整改情况；查事故处理主要是检查组织对伤亡事故是否及时报告、认真调查、严肃处理。安全生产检查时要深入车间、班组，检查生产过程中的劳动条件、生产设备及相应的安全卫生设施和工人的操作行为是否符合安全生产的要求。为保证检查的效果，必须成立一个适应安全生产检查工作需要的检查组，配备适当的力量。安全生产检查的组织形式，可根据检查的目的和内容来确定。

（五）伤亡事故和职业病统计报告制度

伤亡事故和职业病统计报告和处理制度是我国安全生产的一项重要制度。这项制度的内容包括：依照国家法律、法规的规定进行事故的报告、事故的统计和事故的调查与处理。

（六）劳动安全卫生监察制度

劳动安全卫生监察制度是指国家法律、法规授权的劳动行政部门，代表政府对企业的生产过程实施劳动安全卫生监察；以政府的名义，运用国家权力对生产单位在履行劳动安全卫生职责和执行安全生产政策、法律、法规和标准的情况依法进行监督、纠举和惩戒的制度。其目的是防止事故发生。

（七）"三同时"制度

"三同时"制度，是指凡是我国境内新建、改建、扩建的基本建设项目（工程）、技术改建项目（工程）和引进的建设项目，其安全生产设施必须符合国家规定的标准，必须与主体工程同时设计、同时施工、同时投入生产和使用。

（八）安全预评价制度

安全预评价是根据建设项目可行性研究报告内容，分析和预测该建设项目可能存在的危险、有害因素的种类和程度，提出合理可行的安全对策措施及建议。预评价实际上就是在建设项目前期，应用安全评价的原理和方法对系统（工程、项目）的危险性、危害性进行预测性评价。安全预评价目的是贯彻"安全第一，预防为主"方针，为建设项目初步设计提供科学依据，以利于提高建设项目本质安全程度。

第二节　施工安全技术措施

一、定义

施工安全技术措施是指为防止工伤事故和职业病的危害，从技术上采取的措施。在工程项目施工中，针对工程特点、施工现场环境、施工方法、劳力组织、作业方法使用的机械、动力设备、变配电设施、架设工具及各项安全防护设施等制定的确保安全施工的预防措施，称为施工安全技术措施。工程项目的施工安全技术措施是施工组织设计的重要组成部分，是工程施工中安全生产的指导性文件，具有安全法规的作用。

二、编制施工安全技术措施的意义

（一）是贯彻执行国家安全法规的具体行动

安全技术措施不是一般的措施，它是国家规定的安全法规所要求的内容。国家在《建筑安装工程安全技术规程》中明确规定：所有建筑工程的施工组织设计必须有安全技术措施，并应对工人讲解安全操作方法。施工企业编制项目的安全技术措施，就是具体落实国家安全法规的实际行动。通过编制和实施安全技术措施，可以提高施工管理人员、工程技术人员和操作人员的安全技术素质。

（二）是提高企业竞争能力的基本条件

施工企业通过在建筑市场上进行投标来承揽工程。施工安全技术措施是工程项目投标书的重要内容之一，也是评标的关键指标之一。施工安全技术措施编制得好，就会赢得评委和招标单位的好评，增加中标的可能性，提高企业的竞争能力。

（三）能具体指导现场施工

对于建筑施工，国家制定了许多规章制度和规程，这些都是带普遍性的规定要求。对某一个具体工程项目，特别是较复杂的或特殊的工程项目来说，还应依据不同工程项目的结构特点，制定有针对性的、具体的安全技术措施，如：隧道掘进防坍塌的规定、架桥机作业防翻倾的规定等。安全技术措施，不仅具体地指导施工，也是进行安全交底、安全检查和验收的依据，是职工生命安全的根本保证。

同时，施工安全技术措施作为施工技术资料保存下来，有益于对施工安全技术进行研究、总结和提高，为企业以后编制同类工程项目的施工安全技术措施提供借鉴。

（四）有利于职工克服施工的盲目性和提高劳动生产率

编制施工安全技术措施，可使职工集中多方面的知识和经验，对施工过程中各种不安全因素有较深刻的认识，并采取可靠的预防措施，从而克服施工中的盲目性。通过安全技术措施的实施，职工对施工现场安全情况做到心中有数，避免产生畏惧、侥幸、麻痹等心理，有利于保证施工安全和提高劳动生产率。

三、施工安全技术措施的编制要求

（一）要有超前性

为保证各种安全设施的落实，开工前应编审安全技术措施。在工程图纸会审时，就应考虑到施工安全问题，使工程的各种安全设施有较充分的准备时间，以保证其落实。当发生工程变更、设计情况变化时，也应及时地补充、完善安全技术措施。

（二）要有针对性

施工安全技术措施是针对每项工程特点而制定的，编制安全技术措施的技术人员必须掌握工程概况、施工方法、施工环境、条件等第一手资料，并熟悉安全法规、标准等才能编写有针对性的安全技术措施。主要考虑以下几个方面：

1.针对不同工程的特点可能造成施工的危害，从技术上采取措施，消除危险，保证施工安全。

2.针对不同的施工方法，如：井巷作业、水上作业、立体交叉作业、滑模、网架整体提升吊装、大模板施工等可能给施工带来不安全因素，从技术上采取措施，保证安全施工。

3.针对使用的各种机械设备、变配电设施给施工人员可能带来的危险因素，从安全保险装置等方面采取相关的技术措施。

4.针对施工中有毒有害、易燃易爆等作业，可能给施工人员造成的危害，从技术上采取措施，防止伤害事故。

5.针对施工现场及周围环境可能给施工人员或周围居民带来的危害，以及材料、设备运输带来的不安全因素，从技术上采取措施，予以保护。

（三）要有可靠性

安全技术措施均应贯彻于每个施工工序之中，力求细致全面、具体可靠。如：施工平面布置不当，临时工程多次迁移，建筑材料多次转运，不仅影响施工进度，造成很大浪费，有的还留下安全隐患。再如：易爆易燃临时仓库及明火作业区、工地宿舍、厨房等定位及间距不当，可能酿成事故。只有把多种因素和各种不利条件考虑周全，有对策措施，才能真正做到预防事故。但是，全面、具体不等于罗列一般通常的操作工艺、施工方法及日常安全工作制度、安全纪律等。这些制度性规定，安全技术措施中不须再做抄录，但必须严格执行。

（四）要有操作性

对大中型项目工程，结构复杂的重点工程除必须在施工组织总体设计中编制施工安全技术措施外，还应编制单位工程或分部分项工程的安全技术措施，详细制定出有关安全方面的防护要求和措施，确保单位工程或分部分项工程的安全施工。对爆破、吊装、水下、井巷、支模、拆除等特殊工种作业，都要编制单项安全技术方案。此外，还应编制季节性施工安全技术措施。

四、施工安全技术措施的编制方法与步骤

通常工程项目安全技术措施由项目经理部总工程师或主管工程师执笔编制，分部分项工程施工安全技术措施由其主管工程师执笔编制。施工安全技术措施编制的质量好坏，将

直接影响到施工现场的安全，为此，应掌握编制的方法与步骤。

（一）深入调查研究，掌握第一手资料

编制施工安全技术措施以前，必须熟悉施工图纸、设计单位提供的工程环境资料，同时还应对施工作业场所进行实地考察和详细调查，收集施工现场的地形、地质、水文等自然条件，以及施工区域的技术经济条件、社会生活条件等资料，尤其对地下电缆、煤气管道等危险性大而又隐蔽的部位，认真查清，并清楚地标在作业平面图上，以利于安全技术措施切合实际。

（二）借鉴外单位和本单位的历史经验

查阅外单位和本单位过去同类工程项目施工的有关资料，尤其是在施工中曾经发生过的各种事故情况；认真分析，找出原因，引为借鉴，并提出相应的防范措施。

（三）群策群力，集思广益

编制安全技术措施时，应吸收有施工安全经验的干部、职工参加，大家共同揭露不安全因素，摆明施工人员易出现的不安全行为。实践证明，采取领导、技术人员、安全员、施工员和操作人员相结合的方法编制施工安全技术措施，符合工程项目的实际情况，是切实可行的。那种单凭个别人闭门造车的编制，往往是纸上谈兵，或根本解决不了安全生产中的难点和重点问题。

（四）系统分析，科学归纳

对所掌握的施工过程中可能存在的各种危险因素，进行系统分析，科学归纳，查清各因素间的相互关系，以利于抓住重点、突出难点地制定安全技术措施。对影响施工安全的操作者、管理、环境、设备、原材料及其他因素，采用因果分析图进行分析。

（五）制定切实可行的安全技术对策措施

利用因果分析图分析结果，抓住关键性因素制定对策措施。对策措施要有充分的科学依据，体现施工安全经验知识和可操作性。

（六）审批

工程项目经理部所编制的施工组织设计，其中包括安全技术措施，要经企业技术负责人审批。批准后的安全技术措施，在开工前送安全技术部门备案。一些特殊危险作业如特级高处作业、高压带电作业的安全技术措施，须经企业总工程师审批。爆破作业须经公

安、保卫部门审批。未经批准的安全技术措施，视为无效，且不准施工。

五、施工安全技术措施编制的主要内容

工程大致分为两种：一是结构共性较多的称为一般工程；二是结构比较复杂、技术含量高的称为特殊工程。同类结构的工程之间共性较多，但由于施工条件、环境等不同，所以也有不同之处。不同之处在共性措施中就无法解决。因此，不同的工程项目在编制施工安全技术措施时，应根据不同的施工特点，针对不同的危险因素，遵照有关规程的规定，结合以往同类工程的施工经验与教训，编制安全技术措施。

（一）一般工程安全技术措施

1.抓好安全生产教育、健全安全组织机构、建立安全岗位责任制、贯彻执行"安全第一，预防为主"的方针等基础性工作。

2.土方工程防塌方。根据基坑、基槽、地下室等开挖深度、土质类别，选择合适的开挖方法，确定边坡的坡度或采取何种护坡支撑和护地桩，以防塌方。

3.脚手架、吊篮等选用及设计搭设方案和安全防护措施。

4.高处作业设上下安全通道。

5.安全网（平网、立网）的架设要求，范围（保护区域）、架设层次、段落。

6.安装、使用、拆除施工电梯、井架（龙门架）等垂直运输设备的安全技术要求及措施，如：位置搭设要求，稳定性、安全装置等要求。

7.施工洞口及临边的防护方法和主体交叉施工作业区的隔离措施。

8.场内运输道路及人行通道的布置。

9.施工现场临时用电的合理布设、防触电的措施。

要求编制临时用电的施工组织设计和绘制临时用电图纸。在建工程（包括脚手架）的外侧边缘与外电架空线路的间距达到最小安全距离采取的防护措施。

10.现场防火、防毒、防爆、防雷等安全措施。

11.在建工程与周围人行通道及民房的防护隔离设置。

（二）特殊工程施工安全技术措施

对于结构复杂、危险性大的特殊工程，应编制单项的安全技术措施。如：长大隧道施工、既有线改造、架梁、爆破、大型吊装、沉箱、沉井、烟囱、水塔、特殊架设作业、高层脚手架、井架和拆除工程必须编制单项的安全技术措施。并注明设计依据，做到有计算、有详图、有文字说明。

（三）季节性施工安全措施

季节性施工安全措施，就是考虑不同季节的气候对施工生产带来的不安全因素，可能造成的各种突发性事故，从防护上、技术上、管理上采取的措施。一般建筑工程中在施工组织设计或施工方案的安全技术措施中，编制季节性施工安全措施；危险性大、高温期长的建筑工程，应单独编制季节性的施工安全措施。季节性主要指夏季、雨季和冬季。各季节性施工安全的主要内容是：

1.夏季气候炎热，高温时间持续较长，主要是做好防暑降温工作。

2.雨季进行作业，主要应做好防触电、防雷、防坍方及防台风和防洪等工作。

3.冬季进行作业，主要应做好防风、防火、防冻、防滑、防煤气中毒、防亚硝酸钠中毒等工作。

六、施工安全技术措施的实施

经批准的安全技术措施具有技术法规的作用，必须认真贯彻执行，否则就会变成一纸空文。遇到因条件变化或考虑不周须变更安全技术措施内容时，应经原编制、审批人员办理变更手续，否则不能擅自变更。

（一）认真进行安全技术措施交底

为使参与施工的干部、职工明确施工生产的技术要求和安全生产要点，做到心中有数，工程开工前，应将工程概况、施工方法和安全技术措施向参加施工的工地负责人、工班长进行安全技术措施交底，每个单项工程开工前，应重复进行单项工程的安全技术交底工作。安全技术交底工作应分级进行。工程项目经理部总工程师向分部分项主管工程师、施工技术队长及有关职能科室负责人等交底。施工技术队长向本队施工员、技术员、安全员及班组长进行详细交底。安全技术交底的最基层一级，也是最关键的一级，是单位工程技术负责人向班组进行的交底。通过各级交底，执行者了解其具体内容和施工要求，为落实安全技术措施奠定基础。进行安全技术交底应有书面材料，双方签字并保存记录。安全技术措施交底的基本要求如下：

1.工程项目应坚持逐级安全技术交底制度。

2.安全技术交底应具体、明确、针对性强。交底的内容应针对分部分项工程中施工给作业人员带来的危险因素。

3.工程开工前，应将工程概况、施工方法、安全技术措施等情况，向工地负责人、工班长进行详细交底；必要时向参加施工的全体员工进行交底。

4.两个以上施工队或工种配合施工时，应按工程进度定期或不定期地向有关施工单位和班组进行交叉作业的安全书面交底。

5.工长安排班组长工作前，必须进行书面的安全技术交底，班组长应每天对工人进行施工要求、作业环境等书面安全交底。

6.各级书面安全技术交底应有交底时间、内容及交底人和接受交底人的签字，并保存交底记录。

7.应针对工程项目施工作业的特点和危险点。

8.针对危险点的具体防范措施和应注意的安全事项。

9.有关的安全操作规程和标准。

10.一旦发生事故，应及时采取的避难和急救措施。

11.出现下列情况时，项目经理、项目总工程师或安全员应及时对班组进行安全技术交底。

（1）因故改变安全操作规程。

（2）实施重大和季节性安全技术措施。

（3）推广使用新技术、新工艺、新材料、新设备。

（4）发生因工伤亡事故、机械损坏事故及重大未遂事故。

（5）出现其他不安全因素、安全生产环境发生较大变化。

（二）落实安全技术措施

首先，落实安全技术措施经费，对于劳动保护费用，可由施工单位直接在施工管理费用开支；对于特殊的大型临时安全技术措施项目的经费，施工单位应同建设单位商定，作为大型临时施工设施单独列入施工预算中解决。其次，对安全技术措施中的各种安全设施、防护设置应列入施工任务计划单，责任落实到班组或个人，并实行验收制度。

（三）加强安全技术措施实施情况的监督检查

技术负责人、安全技术人员应经常深入工地检查安全技术措施的实施情况，及时纠正违反安全技术措施的行为，各级安全管理部门应以施工安全技术措施为依据，以安全法规和各项安全规章制度为准则，经常性地对工地实施情况进行检查，并监督各项安全措施的落实。具体内容为：①施工作业人员是否明确与己有关的安全技术措施；②是否在规定期限内落实了安全技术措施；③根据施工作业的情况，原措施内容是否有不完善或差错的地方，是否对施工安全技术措施方案做了符合施工客观情况的补充、调整和修改，并履行了审批手续。通过监督检查，及时纠正违反安全技术措施规定的行为，并补充、完善安全技术措施。

（四）建立奖罚制度

对安全技术措施的执行情况，除认真监督检查外，还应对实施安全技术措施好的施工队、作业班组及个人，给予经济的和精神的鼓励；对没有很好地实施安全技术措施的单位及个人并造成严重后果的，要视其造成损失的大小给予批评、罚款直至追究责任。

第三节　安全隐患和事故处理

一、安全隐患处理

1.检查中发现的隐患应进行登记，不仅作为整改的备查依据，而且是提供安全动态分析的重要信息渠道。如：多数单位安全检查中都发现有同类型隐患，说明是"通病"；若某单位在安全检查中发现重复出现隐患，说明整改不彻底，形成"顽症"。根据检查隐患记录分析，制定指导安全管理的预防措施。

2.安全检查中查出的隐患，还应发出隐患整改通知单。对凡存在即发性事故危险的隐患，检查人员应责令停工，被查单位必须立即进行整改。

3.对于违章指挥、违章作业行为，检查人员可以当场指出，立即纠正。

4.被检查单位领导对查出的隐患，应立即研究制订整改方案，按照"三定"（即定人、定期限、定措施），限期完成整改。

5.整改完成后要及时通知有关部门派员进行复查验证，经复查整改合格后，即可销案。

二、伤亡事故处理

（一）事故和伤亡事故

从广义的角度讲，事故是指人们在实现有目的的行动过程中，由不安全的行为、动作或不安全的状态所引起的、突然发生的、与人的意志相反且事先未能预料到的意外事件，它能造成财产损失、生产中断、人员伤亡。

从劳动保护的角度讲，事故主要指伤亡事故，又称伤害。根据能量转移理论，伤亡事故是指人们在行动过程中，接触了与周围环境有关的外来能量，这种能量在一定条件下异常释放，反作用于人体，致使人身生理机能部分或全部丧失的现象。

国家标准《企业职工伤亡事故分类标准》（GB 6441—86）和《企业职工伤亡事故调

查分析规则》（GB 6442—86）中，从企业职工的角度将伤亡事故定义为：伤亡事故是指企业职工在生产劳动过程中发生的人身伤害、急性中毒事故。

事故是一种意外事件，是由相互联系的多种因素共同作用的结果；事故发生的时间、地点、事故后果的严重程度是偶然的；事故表面上是一种突发事件，但是事故发生之前有一段潜伏期；事故是可预防的，也就是说，任何事故，只要采取正确的预防措施，是可以防止的。因此，我们必须通过事故调查，找到易发生事故的原因，采取预防事故的措施，从根本上降低伤亡事故的发生频率。

（二）伤亡事故分类

伤亡事故的分类，分别从不同方面描述了事故的不同特点。根据我国有关法规和标准，目前应用比较广泛的伤亡事故主要有以下几种：

1.按伤害程度分类

指事故发生后，按事故对受伤者造成损伤以致劳动能力丧失的程度分类：

（1）轻伤，指损失工作日为1个工作日以上（含1个工作日）、105个工作日以下的失能伤害。

（2）重伤，指损失工作日为105个工作日以上（含105个工作日）的失能伤害，但重伤的损失工作日最多不超过6000日。

（3）死亡，其损失工作日为6000日，这是根据我国职工的平均退休年龄和平均死亡年龄计算出来的。

"损失工作日"的概念，其目的是估价事故在劳动力方面造成的直接损失。因此，某种伤害的损失工作日数一经确定，即为标准值，与伤害者的实际休息日无关。

2.按事故严重程度分类

（1）轻伤害故，指只有轻伤的事故。

（2）重伤事故，指有重伤没有死亡的事故。

（3）死亡事故，指一次死亡1~2人的事故。

（4）重大伤亡事故，指一次死亡3~9人的事故。

（5）特大伤亡事故，指一次死亡10人以上（含10人）的事故。

3.按事故类别分类

《企业职工伤亡事故分类》（GB 6441—86）中，将事故类别划分为20类，即物体打击、车辆伤害、机械伤害、起重伤害、触电、淹溺、灼烫、火灾、高处坠落、坍塌、冒顶片帮、透水、放炮、瓦斯爆炸、火药爆炸、锅炉爆炸、容器爆炸、其他爆炸、中毒和窒息、其他伤害。

4.按受伤性质分类

受伤性质是指人体受伤的类型。常见的有：电伤、挫伤、割伤、擦伤、刺伤、撕脱伤、扭伤、倒塌压埋伤、冲击伤等。

（三）伤亡事故的范围

1.企业发生火灾事故及在扑救火灾过程中造成本企业职工伤亡。

2.企业内部食堂、幼儿园、医务室、俱乐部等部门职工或企业职工在企业的浴室造成的人员伤亡。

3.职工乘坐本企业交通工具在企业外执行本企业的任务或乘坐本企业通勤机车、船只上下班途中，发生的交通事故，造成人员伤亡。

4.职工乘坐本企业车辆参加企业安排的集体活动，如：旅游、文娱体育活动等，因车辆失火、爆炸造成职工的伤亡。

5.企业租赁及借用的各种运输车辆，包括司机或招聘司机，执行该企业的生产任务发生的伤亡。

6.职工利用业余时间，采取承包形式，完成本企业临时任务发生的伤亡事故（包括雇用的外单位人员）。

7.由于职工违反劳动纪律而发生的伤亡事故，其中属于在劳动过程中发生的，或者虽不在劳动过程中，但与企业设备有关的。

（四）伤亡事故等级

国家建设部对工程建设过程中，按程度不同，把重大事故分为四个等级：

1.一级重大事故，死亡30人以上或直接经济损失300万元以上的。

2.二级重大事故，死亡10人以上、29人以下或直接经济损失100万元以上、不满300万元的。

3.三级重大事故，死亡3人以上、9人以下；重伤20人以上或直接经济损失30万元以上、不满100万元的。

4.四级重大事故，死亡2人以下；重伤3人以上、19人以下或直接经济损失10万元以上、不满30万元的。

（五）伤亡事故的处理程序

发生伤亡事故后，负伤人员或最先发现事故的人应立即报告领导。企业对受伤人员歇工满一个工作日以上的事故，应填写伤亡事故登记表并及时上报。

企业发生重伤和重大伤亡事故，必须立即将事故概况（包括伤亡人数、发生事故的时间、地点、原因）等，用快速方法分别报告企业主管部门、行业安全管理部门和当地公安部门、人民检察院。发生重大伤亡事故，各有关部门接到报告后应立即转报各自的上级主管部门：

对于事故的调查处理，必须坚持"四不放过"原则，按照下列步骤进行：

1.迅速抢救伤员并保护好事故现场

事故发生后，现场人员不要惊慌失措，要有组织、听指挥，首先抢救伤员和排除险情，制止事故蔓延扩大；同时，为了事故调查分析需要，保护好事故现场，确因抢救伤员和排险，而必须移动现场物品时，应做出标志。因为事故现场是提供有关物证的主要场所，是调查事故原因不可缺少的客观条件，要求现场各种物件的位置、颜色、形状及其物理、化学性质等尽可能地保持事故结束时的原来状态。必须采取一切可能的措施，防止人为或自然因素的破坏。

2.组织调查组

在接到事故报告后的单位领导，应立即赶赴现场组织抢救，并迅速组织调查组开展调查。轻伤、重伤事故，由企业负责人或其指定人员组织生产、技术、安全等部门及工会组成事故调查组，进行调查；伤亡事故，由企业主管部门会同企业所在地区的行政安全部门、公安部门、工会组成事故调查组，进行调查；重大死亡事故，按照企业的隶属关系，由省、自治区、直辖市企业主管部门或者国务院有关主管部门会同同级行政安全管理部门、公安部门、监察部门、工会组成事故调查组，进行调查；死亡和重大死亡事故调查组应邀请人民检察院参加，还可邀请有关专业技术人员参加。与发生事故有直接利害关系的人员不得参加调查组。

3.现场勘察

在事故发生后，调查组应迅速到现场进行勘察。现场勘察是技术性很强的工作，涉及广泛的科技知识和实践经验。对事故的现场勘察必须做到及时、全面、准确、客观。现场勘察的主要内容有：

（1）现场笔录

①发生事故的时间、地点、气象等。

②现场勘察人员姓名、单位、职务。

③现场勘察起止时间、勘察过程。

④能量失散所造成的破坏情况、状态、程度等。

⑤设备损坏或异常情况及事故前后的位置。

⑥事故发生前劳动组合、现场人员的位置和行动。

⑦散落情况。

⑧重要物证的特征、位置及检验情况等。

（2）现场拍照

①方位拍照，能反映事故现场在周围环境中的位置。

②全面拍照，能反映事故现场各部分之间的联系。

③中心拍照，反映事故现场中心情况。

④细目拍照，提示事故直接原因的痕迹物、致害物等。

⑤人体拍照，反映伤亡者主要受伤和造成死亡伤害的部位。

（3）现场绘图

根据事故类别和规模以及调查工作的需要应绘出下列示意图：

①建筑物平面图、剖面图。

②事故时人员位置及活动图。

③破坏物立体图或展开图。

④涉及范围图。

⑤设备或工、器具构造简图等。

4.分析事故原因

（1）通过全面的调查，查明事故经过，弄清造成事故的原因，包括人、物、生产管理和技术管理等方面的问题，经过认真、客观、全面、细致、准确的分析，确定事故的性质和责任。

（2）事故分析步骤，首先整理和仔细阅读调查材料。按GB 6441—86标准附录A中受伤部位、受伤性质、起因物、致害物、伤害方法、不安全状态和不安全行为等七项内容进行分析，确定直接原因、间接原因和事故责任者。

（3）分析事故原因时，应根据调查所确认的事实，从直接原因入手，逐步深入间接原因。通过对直接原因和间接原因的分析，确定事故中的直接责任者和领导责任者，再根据其在事故发生过程中的作用，确定主要责任者。

直接责任者，指在事故发生中有直接因果关系的人。主要责任者，是在事故发生中属于主要地位和起主要作用的人。重要责任者，是在事故责任者中，负一定责任，起一定作用，但不起主要作用的人。领导责任者，是指忽视安全生产，管理混乱，规章制度不健全，违章指挥，冒险蛮干，对工人不认真进行安全教育，不认真消除事故隐患，或者出现事故以后仍不采取有力措施，致使同类事故重复发生的单位领导。

（4）事故性质类别。

①责任事故，就是由于人的过失造成的事故。

②非责任事故，即由于人们不能预见或不可抗力的自然条件变化所造成的事故或是在技术改造、发明创造、科学试验活动中，由于科学技术条件的限制而发生的无法预料的事

故。但是，对于能够预见并可以采取措施加以避免的伤亡事故，或没有经过认证研究解决技术问题而造成的事故，不能包括在内。

③破坏性事故，即为达到既定目的而故意制造的事故。对已确定为破坏性事故的，应由公安机关认真追查破案，依法处理。

5.制定预防措施

为了确保安全生产，防止类似事故再次发生，要求根据对事故原因的分析，编制防范措施。防范措施要有针对性、适用性、可操作性，要指定每项措施的执行者和完成措施的具体时限，项目经理、主管安全的领导和安全检查人员要及时组织检查验收，并向上级有关部门反馈工地整改情况。同时，根据事故后果和事故责任者应负的责任提出处理意见。对于重大未遂事故不可掉以轻心，也应严肃认真按上述要求查找原因，分清责任，严肃处理。

6.写出调查报告

调查组应着重把事故发生的经过、原因、责任分析和处理意见及本次事故的教训和改进工作的建议等写成报告，经调查组全体人员签字后报批。如调查组内部意见有分歧，应在弄清事实的基础上，对照法律、法规进行研究，统一认识。对于个别同志仍持有不同意见的允许保留，并在签字时写明自己的意见。

7.事故的审理和结案

（1）事故调查处理结论，应经有关机关审批后，方可结案。伤亡事故处理工作应当在90日内结案，特殊情况不得超过180日。

（2）事故案件的审批权限，同企业的隶属关系及人事管理权限一致。

（3）对事故责任者的处理，应根据其情节轻重和损失大小，谁有责任、主要责任、其次责任、重要责任、一般责任，还是领导责任等，按规定给予处分。

（4）要把事故调查处理的文件、图纸、照片、资料等记录长期、完整地保存起来。

8.员工伤亡事故登记记录

1.员工重伤、死亡事故调查报告书，现场勘察资料（记录、图纸、照片）。

2.技术鉴定和试验报告。

3.物证、人证调查材料。

4.医疗部门对伤亡者的诊断结论及影印件。

5.事故调查组人员的姓名、职务，并应逐个签字。

6.企业或其主管部门对该事故所做的结案报告。

7.受处理人员的检查材料。

8.有关部门对事故的结案批复等。

（六）职业病处理

有关职业病的处理，是政策性很强的一项工作，涉及职业病防治及妥善安置职业病患者、患者的劳保福利待遇、劳动能力鉴定及职业康复等工作，目前可按国家卫

健委、国家劳动部、国家财政部、全国总工会1987年月11月发布的《职业病范围和职业病患者处理办法的规定》执行。

根据此规定，职工被确诊患有职业病后，其所在单位应根据职业病诊断机构的意见，安排其医疗或疗养。在医治或疗养后被确认不宜继续从事原有害作业或工作的，应自确认之日起的两个月内将其调离原工作岗位，另行安排工作；对于因工作需要暂不能调离的生产、工作的技术骨干，调离期限最长不得超过半年。患有职业病的职工变动工作单位时，其职业病待遇应由原单位负责或两个单位协调处理，双方商妥后方可办理调转手续。并将其健康档案、职业病诊断证明及职业病处理情况等材料全部移交新单位。调出、调入单位都应将情况报告所在地的劳动卫生职业病防治机构备案。职工到新单位后，新发生的职业病不论与现工作有无关系，其职业病待遇由新单位负责。劳动合同制工人、临时工终止或解除劳动合同后，在待业期间新发现的职业病，与上一个劳动合同工作有关时，其职业病待遇由原终止或解除劳动合同的单位负责。如原单位已与其他单位合并，由合并后的单位负责；如原单位已撤销，应由原单位的上级主管机关负责。

第四节　职业健康安全管理体系

一、职业健康安全管理体系基本原理

OSHMS（Occupational Safety&Health Management Systems，职业健康管理体系）的思想建立在PDCA理论基础之上。一个组织的活动可分为计划（Plan）、实施（Do）、检查（Check）、改进（Action）四个相互联系的环节。

（一）计划环节

作为行动基础，对某些事情进行预先考虑，包括决定干什么、如何干、什么时候干及谁去干等问题。计划环节是对管理体系的总体规划，包括：①确定组织的方针、目标；②配备必要资源，包括人力、物力、财力资源等；③建立组织机构，规定相应职责、权限及其相互关系；④识别管理体系运行的相关活动或过程，并规定活动或过程的实施程序和作业方法等。为了使组织的管理制度化，以上过程以文件的形式反映，称为"文件化的管理

体系"。

（二）实施环节

按照计划规定的程序（如组织机构、程序和作业文件等）实施。实施过程与计划的符合性及实施结果决定了组织能否达到预期目标。所以，保证所有活动处于受控状态是实施的关键。

（三）检查环节

为了确保计划的有效实施，需要对实施效果进行监测与测量，并采取措施修正、消除可能产生的行为偏差。

（四）改进环节

管理过程不是一个封闭的系统，需要随着管理的进程，针对管理活动中发现的不足或根据变化的内、外部条件，不断进行调整、完善。

二、OSHMS 的特征

职业健康安全管理体系由职业健康安全方针、策划、实施与运行、检查与纠正措施和管理评审五大功能块组成，每一功能块又由若干相互联系、相互作用的要素组成。所有要素组成了一个有机的整体，使体系能完成特定的功能。这一体系具有以下特点：

（一）系统性

所谓"系统"，就是由相互作用、相互依存的若干组成部分，依据一定的功能有机组织起来的综合整体。OSHMS标准从管理思想上具有整体性、全局性、全面性等系统性特征，从管理的手段体现出结构化、程序化、文件化的特点。

第一，强调组织各级机构的全面参与。不仅要有从基层岗位到组织最高管理层之间的运作系统，同时还应具备管理绩效的监控系统，组织最高管理层依靠这两个系统，确保职业健康安全管理体系的有效运行。

第二，要求组织实行程序化管理，实现管理过程全面的系统控制。这与我国过分地依赖于管理者的主观能动性的传统管理方法有着根本区别。这样，既可以避免管理行为的盲目性，也可以避免管理当中人为的失误及部门之间、岗位之间的责权不清，以至于事故发生后互相推诿，推卸责任。

第三，管理体系的文件化也是一个比较复杂的系统工程。按照OSHMS标准的要求，组织不仅要制定和执行职业健康安全方针、目标，还要有一系列的管理程序，以使该方针、目标在管理活动中得到落实，并且保证OSHMS按照已制定的手册、程序文件、作业文件进行，从而符合强制性规定和规则。这些方针、手册、程序文件和作业文件及其相应的记录构成了一个层次分明、相互联系的文件系统。同时，OSHMS标准又对文件资料的控制提出要求，从而使这一文件系统更具科学性和合理性。

第四，OSHMS标准的逻辑结构为编写职业健康安全管理手册提供了一个系统的结构基础。

（二）先进性

依据标准建立的OSHMS，是组织不断完善、改进和提高OSH管理的一种先进、有效的管理手段。该体系将现代企业先进的管理理论运用于OSH管理，把组织安全生产活动当作一个系统工程，研究确定影响OSH包含的要素，将管理过程和控制措施建立在科学的危险源辨识、风险评价基础之上。为了保障安全和健康，对每个要素做出了具体规定，并建立和保持三层文件（管理手册、程序文件、作业文件）。对于一个已建立体系的组织，最好按三层文件的规定执行，坚持"写到的要做到"的原则，才有可能确保体系的先进性和科学性。

（三）预防性

危险源辨识、风险评价与控制是职业健康安全管理体系的精髓，它在理论和方法上保证了"预防为主"方针的实现。实施有效的风险辨识、评价与控制，可实现对事故的预防和生产作业的全过程控制。对各种作业和生产过程实行评价，在此基础上进行OSHMS策划，形成文件，对各种预知的风险因素做到事前控制，实现预防为主。对各种潜在的事故制定应急程序，力图使损失最小化。

组织要通过OSHMS认证，必须遵守法律、法规和其他要求。通过宣传和贯彻OSHMS标准，将促进组织从过去被动地执行法律、法规，转变为主动地去按照法律、法规要求，不断发现和评估自身存在的职业健康安全问题，制定目标并不断改进。这完全有别于那种被动的管理模式。通过建立OSHMS，使组织的职业健康安全真正走上预防为主的道路。

（四）动态性

OSHMS具有动态性的特点，持续改进是其核心。OSHMS标准明确要求组织的最高管理者，在OSH方针中应包括对持续改进的承诺，遵守有关法律、法规和其他要求的承诺，并制订切实可行的目标和管理方案，配备相应的各种资源。这些内容是实施OSHMS的依据，也是基本保证。同时，标准还要求组织的最高管理者应定期对体系进行评审，以确保体系的持续适用性、充分性和有效性。通过管理评审使体系日臻完善，使组织的职业健康安全管理提高到一个新的水平。

按照PDCA所建立的OSHMS，也就是在方针的指导下，周而复始地进行"策划、实施与运行、检查与纠正措施和管理评审"活动。体系在每一个周期的运行过程中，必定会随着管理科学和技术水平的提高，职业健康安全法律、法规及各项技术标准的健全完善，组织管理者及全体员工安全意识的提高，不断地、自觉地加大职业健康安全工作的力度，强化体系的功能，达到持续改进的目的。

（五）全过程控制

OSHMS标准要求以过程促成结果，即在实施过程中，对全过程进行控制，最终达到职业健康安全零风险。职业健康安全管理体系的建立，引进了系统和过程的概念，即把职业健康安全管理作为一项系统工程，以系统分析的理论和方法来解决职业健康安全问题。从分析可能造成事故的危险因素入手，根据不同情况采取相应的预防、纠正措施。在研究组织的活动、产品和服务对职业健康安全的影响时，通常把可能造成事故的危险因素分为两大类：一类是和组织的管理有关的危险因素，可通过建立管理体系，加强内部审核、管理评审和人的行为评价来解决；另一类是针对原材料、工艺过程、设备、设施、产品整个生产过程的危险因素，通过采取管理和工程技术的措施消除或减少。为了有效地控制整个生产活动过程的危险因素，必须对生产的全过程进行控制，采用先进的技术、工艺、设备，全员参与，才能确保组织的职业健康安全状况得以改善。

（六）功效性

建立、实施OSHMS不是目的，而是为企业持续改进OSH状况提供一个科学的、结构化的管理框架，是帮助企业实现和改进自己所设定的OSH方针、目标而采用的一种工具。因此，建立与运行OSHMS本身不可能产生立即降低安全隐患和职业病的效用。这就是说，OSHMS最终目标的实现，还必须依赖于安全生产、事故预防等最佳实用技术的投入。

三、施工企业如何建立 OSHMS

为不断消除、降低和避免各类与工作相关的伤害疾病和死亡事故的发生，保障职工的安全与健康，增强企业的竞争能力，就必须在企业原有管理的基础上，建立并完善针对职业健康安全危害和风险的管理体系。对于不同组织，由于其组织特性和原有基础的差异，建立职业健康安全管理体系的过程不会完全相同。对于施工企业来说，可按下述步骤建立OSHMS：

（一）领导决策

组织建立职业健康安全管理体系需要领导者的决策，特别是最高管理者的决策。只有在最高管理者认识到建立职业健康安全管理体系必要性的基础上，组织才有可能在其决策下开展这方面的工作。另外，职业健康安全管理体系的建立，需要资源的投入，这就需要最高管理者对改善组织的职业健康安全行为做出承诺，从而使得职业健康安全管理体系的实施与运行得到充足的资源。

企业最高管理者（总经理）任命管理者代表。在工会委员中推选出员工OSH（Occupational Health and Safety，职业健康与安全）代表，并向职工公布。OSH代表职工参与安全例会、程序编制和事故处理，组织劳动保护监督等安全管理事务。

（二）成立贯标组

1.成立贯标组（比如，由安全、消防、设备、卫生、工会等OSH管理相关部门骨干组成）。

2.成立危险源辨识和风险评价小组（由专业人员、主管人员或专家组成）。

贯标组负责人最好是管理者代表，或者是管理者代表之一。根据组织的规模、管理水平及人员素质，贯标组的规模可大可小，可专职或兼职，可以是一个独立的机构（比如贯标办），也可挂靠在某个部门（比如安质部）。

（三）人员培训

组织可根据国家经贸委有关要求，选择国内的职业健康安全认证标准OSHMS审核规范、GB/T 28001或国际标准OHSAS18001: 2001作为认证标准，工作组在开展工作之前，应接受职业健康安全管理体系标准及相关知识的培训。同时，组织体系运行需要的内审员，也要相应的培训，并取得相应资格证书。

（四）初始状态评审

对于刚开始建立职业健康安全管理体系的企业，首先应当通过初始状态评审即危害识别和风险评价的方式，确定自己的职业健康安全管理现状。OSHMS初始状态评审可提醒企业所具有的一切职业健康安全风险，为确定职业健康安全风险控制的优先顺序，有效控制不可承受的风险提供依据，也是制订OSH方针、目标指标和管理方案及编制体系文件的基础。

初始状态评审的内容：①生产活动、产品和服务过程中的危险源辨识及风险评价，确定本企业不可承受的风险界线（等于或低于法规界限）。危险源辨识可先按工程部位（如：

基础、主体结构、装饰或原材、加工、组装、运输）划分，再按每个作业活动进行危害因素辨识和风险评价，最后确定企业在OSHMS管理中的重大风险并加以控制。②获取并识别企业现行法律、法规和其他要求以及适用性评价。OSH法律、法规及其他要求的获取可根据危害清单查询，形成法律法规清单初稿后，与危险源辨识工作同时进行，最后形成与危害对应的法律法规标准的清单。③检查所有现行的职业健康安全管理实践、过程和程序是否合理，是否满足OSHMS的有效运行。④收集企业以往事故、事件及职业病的调查分析和统计资料，并对纠正预防措施进行评价。⑤写出初始状态评审报告。

但应注意的是，初始评审不能代替危险源辨识、风险评价和风险控制策划，也就是说，组织还须在初始评审的基础上系统实施对危险源辨识、风险评价和风险控制的策划。

（五）体系策划与设计

体系策划阶段，主要是依据初始状态评审的结论制定职业健康安全方针，制定组织的职业健康安全目标、指标，制订相应的职业健康安全管理方案，确定组织机构和职责，筹划各种运行程序等。

OSH方针的制定要做到"一适应、一框架、两承诺"，即适应企业的特点、性质、规模和经营状况；为目标、指标的制定勾画出框架；遵守法律、法规及其他要求的承诺，持续改进的承诺。可在全公司范围内开展"方针征集活动"，经评选、修改后呈报最高管理者批准方针；方针应定期进行评审，确保适宜性。

管理方案是目标和指标的实施方案，是保证目标、方针实现和改善职业健康安全的关键因素。需要增加硬件设施和采用完善的控制文件但不能有效执行的重大风险，采用管理方案控制。管理方案包括不可接受风险因素、短期内的重大危害因素的控制措施、目标、指标、经费、责任部门、责任人、启动时间、完成日期等。方案必须符合法律、法规的要求及程序文件的控制要求。其中的目标和指标要做到量化。

贯标组进行职能分解并确定OSHMS组织机构，使体系中各要素所涉及的职能逐一分配到各部门，分工合理，确保各项要素都能得到覆盖。

（六）体系文件的编制

OSHMS是一个系统化、程序化和文件化的管理体系，文件化的管理使不同的人能够按同一标准操作，避免了管理行为因部门、因人、因时而异的随意性。

首先，可整理企业目前安全管理运作流程，按照标准要求进行重组，设计出体系架构；其次，按架构编写OSH管理手册、程序文件、操作规程及记录等作业文件。体系文件编写原则是"写你要做的，做你所写的，记你所做的"。文件编写要满足审核标准和法律、法规的要求，内容应涵盖审核标准的所有要素，不得脱离审核标准或与审核标准条款相冲突。管理手册与程序文件、程序文件与作业文件之间应注意相互协调，特别是程序文件中职能的描述应与手册相一致。同时，体系文件的规定应与企业其他管理规定、技术标准、规范相协调。体系文件还需要在体系运行过程中定期、不定期地评审和修改，以保证它的完善和持续有效。

（七）体系试运行

体系试运行与正式运行无本质区别，都是按所建立的 OSHMS 管理手册、程序文件及作业文件的要求，整体协调地运行。试运行的目的是要在实践中检验体系的充分性、适用性和有效性。组织应加强运作力度，并努力发挥体系本身所具有的各项功能，充分发现问题，分析出现问题的根源，采取纠正措施，对体系进行修正，以尽快度过磨合期。试运行时间至少 3 个月。

试运行前，组织应分层次组织员工进行学习及其要求体系，确保员工能够理解，能够积极、全面地参与和支持体系的运行和活动。体系实施过程中，及时反馈运行过程中出现的问题，并及时采取纠正措施，确保体系不断完善。

（八）内部审核

职业健康安全管理体系的内部审核是体系运行必不可少的环节。体系经过一段时间的运行，组织应当具备检验职业健康安全管理体系是否符合职业健康安全管理体系标准要求的条件，应开展内部审核。职业健康安全管理者代表应组织内审，内审员应经过专门知识的培训。如果需要，组织可聘请外部专家参与或主持审核。组织应依据法律、法规、审核规范、体系文件要求对体系覆盖的所有职能部门和项目部进行内部审核。内审员在文件预审时，应重点关注和判断体系文件的完整性、符合性及一致性；现场审核时，重点关注体系功能的适用性和有效性，检查是否按体系文件的要求运作。对内部审核发现的问题和一般不符合项提出纠正整改意见，要求有关责任单位举一反三，积极整改。

（九）管理评审

管理评审是职业健康安全管理体系整体运行的重要组成部分。管理者代表应收集各方面的信息为管理评审提供依据。最高管理者主持管理评审会议，应对体系试运行阶段整体状态做出全面的评判，对体系的持续适宜性、充分性和有效性做出评价。依据管理评审的结论，可以对是否需要调整、修改体系做出决定，也可做出是否实施第三方认证的决定。

（十）选择认证机构

工程项目安全管理工作涉及面广、内容多，专业性、技术性较强，必须寻求一个有足够资源与职业健康安全知识、建筑施工专业知识较强的认证机构作为中介机构。否则，就会顾此失彼，使企业推行OSHMS认证的广度和深度不够，使日常管理和OSHMS运行实际脱离而形成"双轨制""两层皮"。

管理评审做出实施第三方认证的决定后，选择合适的认证机构，递交认证申请，签订认证合同。协商审核日程，由认证机构执行一、二阶段的审核。

对于已建立质量管理体系（QMS）、环境管理体系（EMS）的企业，在建立职业健康安全管理体系（OSHMS）时，可考虑三个体系的整合，建立全面管理体系（TMS）。但应注意体系整合的核心不是手册、程序文件的简单重组，而是应结合企业经营的整个流程的再造进行，以提高体系的运行效率。

体系整合应视具体条件有计划、有步骤地进行，比如，OSHMS和EMS都是17个要素，除了危险源辨识、风险评价和风险控制计划和环境因素不同外，其他16个要素的要求基本相同，两个体系存在着很大的兼容性。可先把OSHMS和EMS进行整合，在条件成熟时，再与QMS进行整合，做到"三位一体"。

三个体系遵循共同的管理理念PDCA，三个体系的对象不同，但目标一致，准则相同。QMS的重点是生产过程和最终产品，EMS的重点为环境，涉及产品整个生命周期，OSH的重点为员工保护。对企业管理来说，本来就应该把降废减损、防止污染和职业健康安全同时加以考虑，而这些又是搞好产品质量的切入点和前提条件，三个体系是相辅相成的。企业要发展，就必须不断创新，不断满足用户的需求，不断向更高的目标迈进。

参考文献

[1] 徐水太.建设工程招投标与合同管理[M].北京：机械工业出版社，2022.

[2] 崔建鑫，董文涛.建设工程法规[M].北京：北京理工大学出版社，2022.

[3] 沈鑫，樊翠珍，蔺超.市政工程与桥梁工程建设[M].北京：文化发展出版社，2022.

[4] 王晶，姜琴，李双祥.路桥工程建设与公路施工管理[M].汕头：汕头大学出版社，2022.

[5] 刘斌，苏宝良，李传琳.道路桥梁工程建设与维修养护[M].汕头：汕头大学出版社，2022.

[6] 罗武德.建设工程监理[M].武汉：华中科学技术大学出版社，2022.

[7] 方鹏.建设工程监理实务[M].成都：西南交通大学出版社，2022.

[8] 罗露露，张少坤.建设工程项目管理[M].武汉：武汉理工大学出版社，2022.

[9] 刘旭灵.建设工程法规与实务[M].北京：中国建筑工业出版社，2022.

[10] 李小冬，李玉龙，曹新颖.建设工程管理概论[M].北京：机械工业出版社，2021.

[11] 杨传光.建设工程招投标与合同管理[M].北京：北京理工大学出版社，2021.

[12] 王磊.公路工程施工与建设[M].长春：吉林科学技术出版社，2021.

[13] 陈春玲，刘明，李冬子.公路工程建设与路桥隧道施工管理[M].汕头：汕头大学出版社，2021.

[14] 杨寿君，刘建强，张建新.城市道路桥梁建设与工程项目管理[M].长春：吉林科学技术出版社，2021.

[15] 廖昌果.水利工程建设与施工优化[M].长春：吉林科学技术出版社，2021.

[16] 陈坤，王改成，邢慧娟.工程质量控制与技术——主体结构[M].哈尔滨：哈尔滨工业大学出版社，2021.

[17] 彭军志，于洪艳，冯淑珍.工程质量控制[M].北京：中国水利水电出版社，2021.

[18] 徐鹏鹏，傅晏.建设工程信息管理[M].武汉：武汉大学出版社，2020.

[19] 汪雄进，唐少玉.建设工程项目管理[M].重庆：重庆大学出版社，2020.

[20] 杨智慧.建筑工程质量控制方法及应用[M].重庆：重庆大学出版社，2020.

[21] 马晓超.建筑工程质量检测技术与验收[M].北京：中国原子能出版社，2020.

[22] 苏莹莹.现代质量工程[M].北京：冶金工业出版社，2020.

[23] 赵永前.水利工程施工质量控制与安全管理[M].郑州：黄河水利出版社，2020.